行銷必備的7Q品牌

顧客只關心
這七個問題！

資源、創意、執行力！
從品牌創立到精準銷售
請用顧客的角度來思考

劉進 —— 著

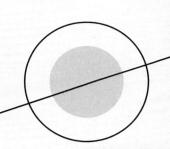

善用資源→提升競爭力→贏得顧客

優質品牌 × 精準定位 × 市場分析 × 人氣累積 × 一流業務

—— 強力推薦

駱少康
文化大學行銷所所長
《體驗時代的行銷革命》
作者

周元如
中原大學公管系教授
《職商：職場生存術》
作者

黃榮華
大學講師
《精準策略：彼得杜拉克
8大管理DNA》
作者

U0034621

目錄

目錄

第三章
7Q 品牌自上而下設計

第四章
7Q 品牌行銷系統與行銷工具組合

第五章

品牌名稱、品牌 Logo（標誌）、
品牌 Slogan（標語）與 7Q 品牌行銷系統

第六章

另一個角度看世界——定位與 7Q 品牌行銷系統

第七章
「七句話術保成交」的 7Q 地面銷售

第八章
FB、LINE 等網路工具的 7Q 屬性

第九章
製造差異化、創造附加值、輸出價值觀和
建立購買標準

第十章
7Q 基石：定義顧客和競爭對手、競爭隊友

前言

致讀者——您的回饋是一筆財富

這幾年，7Q 行銷思想得到越來越多人士的關注和認可，網路上也出現了大量網站的轉載，這讓我感到欣慰。在這幾年裡，我也感覺到，還是有很多讀者對看似簡單實則不簡單的 7Q 行銷思想沒有形成正確、全面、深入的認知，這也進一步限制了 7Q 行銷思想在企業中的推廣和應用。同時，這些年裡，7Q 行銷思想也有了進一步的實踐、研究和發展。這些因素一直激勵我去思考，能否在保證系統和嚴謹的前提下，用易懂的方式，更全面地把 7Q 行銷思想展示給大家。於是，就有了這本書。臺灣不缺有夢想的企業家和行銷人員，而且他們也不缺管理大企業、經營強品牌的意識與決心，但他們確實缺乏能真正幫助他們系統思考品牌、經營品牌的正確方法和途徑。希望這本書能切實幫助到他們。如此，我心足矣！

儘管我追求盡量把 7Q 行銷表述得淺顯易懂，並使用了較多的問句式標題，但是，一方面要在理論的嚴謹上平衡，一方面更是限於作者寫作程度，在一些要點的闡述上可能做得不夠理想，還請大家理解。但是我相信，如果您真的認真去讀、去思

考、去使用本書，一定會受益終生。

　　本書稿中的觀點是作者多年行銷研究、品牌諮詢實踐的結果，文中說明觀點的素材有的來自實地調查研究、教學和諮詢實踐，有的來自和行業內朋友的交流、新聞報導以及公開發表的相關文獻，其中，用於舉例的企業和品牌的介紹部分直接來自其官方網站。在此對這些前輩的智慧和付出一併表示感謝。

劉進

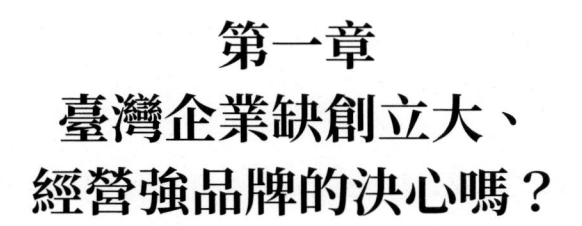

第一章
臺灣企業缺創立大、
經營強品牌的決心嗎？

向左還是向右？品牌之爭與低價之爭

顧客在眾多產品裡作出買哪個產品的決策時，主要依據是這些產品有沒有差別。這裡的差別不僅指產品本身的差別，還包括服務、風險感知以及其他方面；不僅指實際存在的差別，更是指顧客認知裡的差別。

如果在顧客的眼裡，這些產品沒有差別，那麼，就看誰的價格低了。

如果顧客認為這些產品有差別，這些差別進而會在顧客心裡形成品牌概念，那麼，在顧客的選擇中，品牌占的成分將逐漸增大。如果顧客的支付能力不足，價格將是選擇的首要依據，哪個價格低，就選擇和購買哪個。如果顧客的支付能力充足，顧客將會選擇品牌價值大的產品。

我們可以把顧客決策行為分成兩類：一類是以價格為首要決策依據的購買，一類是以品牌價值為首要決策依據的購買。與這兩種顧客決策行為相對應，企業在市場上的征戰就有了三條道路：一條是以低價為主要標誌的價格戰，一條是以塑造差異為主要特點的品牌戰，還有一條就是兩條道路的中間道路。

目前，在這三條道路上，有兩條路是被看好的，一條就是向右的以低價競爭為主要標誌的價格戰道路，一條是向左的以塑造差異為主要特點的品牌戰道路。除此兩條道路之外的其他道路都被視為中間道路，通通被認為是最危險的。

走價格戰道路的企業和走品牌戰道路的企業，都會獲得大

成功，但它們賴以建立競爭優勢的途徑不同。

價格戰道路走的是低價路線，主要靠低價格吸引消費者選購，或者說低價格是消費者選擇這個產品的首要原因，甚至是唯一原因。價格戰是這些企業參與競爭的主要形式，千方百計降低自己的成本就成為這些企業建立自身市場優勢的核心措施和唯一途徑。

品牌戰道路走的是塑造產品差異化的路線，主要靠產品品質和品牌形象吸引顧客，或者說價格不是消費者選擇這個產品的主要原因。因此，提高產品品質，塑造品牌差異化形象，是這些企業建立自身競爭優勢的核心和關鍵。

儘管品牌戰道路上也會有價格戰的形式存在，但它是以品質保證和品牌差異為基礎的。而價格戰道路上儘管不乏品質不錯的產品，但是這種品質往往並不被顧客認可和接受。簡單來說，品牌可以表現為低價，但低價的未必是品牌。品牌戰道路上的低價仍被視為品質的保證，是物超所值，而價格戰道路上的低價往往是品質低下的符號。

目前，隨著人們支付能力的提升和個性化消費的崛起，顧客已經進入品牌消費的時代，品牌成為消費者選擇的首要依據，無差異化的低價競爭將越來越艱難。

筆者就曾經遇到過兩個這樣的例子。A 縣和 B 縣是某國重要的建築陶瓷生產基地。但是，由於 B 縣的廠商長期以來重視產品品質和品牌建設，形成了良好的品牌認知，而 A 縣的廠商

缺乏這方面的建設，以至 A 縣的消費者更喜歡選擇 B 縣廠商的產品。後來，A 縣的很多廠商紛紛為 B 縣品牌代工。消費者也逐漸知道很多 B 縣品牌也是 A 縣生產的事實，但是，就是在明知兩個品牌都是 A 縣生產的情況下，消費者仍然傾向於選擇價格更高的 B 縣品牌，而拒絕選擇價格更低的 A 縣品牌。這樣的情況在其他家具製造行業也同樣存在，當地消費者在明明知道很多 B 縣品牌的家具其實是由本地廠商代工的情況下，卻依然願意選擇價格更高的 B 縣品牌，而不願意選擇真材實料、價格更便宜的本地品牌。

這說明，消費者已經進入了品牌消費的時代，無差異化低價競爭的時代將不復存在，薄利不再多銷！

是品質成就了品牌，還是品牌改變了品質認知

（一）IBM 是世界上技術最先進的公司嗎

IBM（International Business Machines Corporation，國際商業機器公司）1911 年創立於美國，是全球最大的資訊技術和業務解決方案公司，目前擁有全球雇員 30 多萬人，業務遍及 160 多個國家和地區。許多人都認為 IBM 提供的一定是世界上技術最先進的機器，其實，IBM 並非總是技術方面的領導者。IBM 清楚知道，顧客需要的不是最先進的機器，而是問題解決方案。

IBM 重視在媒體上塑造自己問題解決者、方案提供者的形象，更重要的是透過多種多樣的、持久一致的服務和努力，使顧客或使用者達到百分之百滿意，從而建立起企業有口皆碑的信譽，營造出獨特的 IBM 服務競爭優勢。所以，IBM 是企業和組織整體解決方案的領導者，通常不是世界上技術最先進的企業。

（二）是什麼決定了可口可樂的味道

可口可樂以其神祕配方成就了它的傳奇，同樣，作為可口可樂的競爭對手，百事可樂也有屬於自己的傳奇，那就是著名的「蒙眼實驗」。1970 年代末期，百事可樂做了一個關於口味測試的廣告運動。在這輪廣告中，百事可樂公司在不告知參與者是在拍廣告的情況下，請他們品嘗各種沒有品牌標誌的飲料，然後說出哪種口感最好。試驗全過程現場直播。結果，幾乎每一次試驗後，品嘗者都認為百事可樂更好喝。在這樣一個背景下，可口可樂的管理層決定對百事作出反擊，他們對原有配方進行了改良，並將這個新產品命名為「新可樂」。可口可樂進行了兩萬次消費者盲測，結果證明「新可樂」的口味好過原來的配方，也比百事可樂更好喝。可口可樂公司宣布即將推出「新可樂」，引起了市場轟動。

但事與願違，「新可樂」遭到老顧客的一致抵制，消費者要求恢復原有的配方。兩個多月後，可口可樂公司重新推出原有的配方，即經典可口可樂（Coca-Cola Classic）。

對品牌的認知會強烈影響到消費者對飲料的味覺感受。百事可樂的消費者盲測解釋了這樣一個事實：品牌可以改變可樂的味道，可以改變消費者對一種產品的偏好！而品牌之所以能夠改變味道，是因為品牌是一種精神、 一種文化、一個時代、一種生活方式的縮影和代表，品牌不再是冷冰冰的物質，而是有感情的。

到底什麼是品牌

（一）美國市場行銷協會、菲利普・科特勒、大衛・奧格威說品牌

菲利普・科特勒（Philip Kotler）在《行銷管理：亞洲實例 》（Marketing Management：An Asian Perspective）一書中，使用了美國市場行銷協會（American Marketing Association, AMA）對品牌的定義：

品牌是一種名稱、術語、標記、符號或設計，或是它們的組合，其目的是識別某個銷售者或某群銷售者的產品或服務，並使之同競爭對手的產品和服務區別開來。

菲利普・科特勒進一步指出，品牌在本質上代表著賣方對交付給買方的產品特徵、利益和服務的一貫性承諾。品牌的涵義可以分為六個層次：屬性、利益、價值、文化、個性、使用者。

品牌形象理論的代表者大衛・奧格威（David Ogilvy）對品

牌曾作出這樣的定義：「品牌是一種錯綜複雜的象徵，它是品牌的屬性、名稱、包裝、價格、歷史、聲譽、廣告風格的無形組合。」他認為品牌形象不是產品固有的，每一則廣告都是對品牌形象這種複雜的象徵符號的長期投資。消費者購買的不僅是產品，還購買承諾的物質和心理的利益。在廣告中塑造的品牌形象，對顧客購買決策的影響通常比產品實際擁有的物質上的屬性更為重要。

（二）7Q 說品牌的三個層次

現在，我們總結和回答一下「品牌」是什麼。就品牌而言，分為以下三個層次：

（1）第一個層次。品牌是文字、符號、圖形、圖案的集合，是一種標誌，目的是把自己和競爭對手的產品與服務區別開。

（2）第二個層次。品牌是顧客對企業和產品的信任，它意味著穩定的、高品質的產品品質和企業對消費者負責任的態度。2012 年 1 月 17 日，BMW 宣布，因電子水泵缺陷，在全球範圍內召回旗下 23.5 萬輛「迷你」品牌汽車（MINI）。BMW 發言人斯文·格呂茲馬赫爾（Sven Grützmacher）表示，召回決定涉及 2006 年 3 月至 2011 年 1 月間生產的汽車，BMW 將為召回車輛免費更換電子水泵。負責任的態度再次使 BMW 贏得顧客信賴，儘管產品有問題。

（3）第三個層次。品牌是顧客的嚮往和信仰，它代表著一種精神、一種境界、一種生活態度和生活方式。比如，NIKE 的

「Just Do It」，愛迪達的「Impossible Is Nothing」等。在這個層次上，品牌其實是企業提倡的產品利益，產品是品牌利益主張的載體，甚至只是品牌的一個很小的構成成分。同樣的產品，都是由無差別的基礎原料加工而成，但貼上不同的品牌標誌後，價格卻有了天壤之別。比如，做工、樣式相近的兩件服裝，但由於品牌不同，最終市場銷售價格差異就很大。對於溢價部分，有人認為是幫商家打廣告的冤枉錢，也有人將之理解為級別與定位的需要。其實，這是品牌所代表的人生定位、態度和生活方式不同。

儘管衡量品牌資產的指標有知名度、認知度、美譽度、忠誠度等，但我們認為，判斷品牌強弱的唯一衡量指標是指名購買率。所謂指名購買，是指顧客指定購買某個品牌的行為。指名購買率就是指名購買銷售額與總銷售額的比率。在一個行業裡，當隨機購買率大，而指名購買率小的時候，說明這是個不看重品牌的行業，更準確地說是一個沒有品牌的行業，同時，也意味著大家在建設品牌的路上有很大的機遇。

（三）Logo 不是品牌，信任是品牌的核心

有一個好的標誌固然會讓品牌加分，但品牌卻不僅僅是一個「好」標誌，一個「好」標誌離品牌有十萬八千里的距離。可口可樂、IBM 之所以為品牌，不是因為這些詞好聽、漂亮，當可口可樂、IBM 意味著一種信賴和精神時，這些詞怎麼看都漂亮，怎麼聽都好聽！當可口可樂、IBM 一朝意味著問題產品、

不良服務時，這些詞會怎麼看都醜陋，怎麼讀都刺耳！所以，標誌（Logo）不是品牌，它本身沒有溫度和生命，即便被稱為品牌，也只是「殭屍」品牌；穩定的、高品質的產品和對消費者負責任的態度才是品牌的心臟和基石，對一種精神和生活的信仰和嚮往才是品牌的血液，只有它們才能賦予品牌真正的生命力，擁有光彩照人的面孔！因為，NIKE 品牌意味著消費者的信任和 Just Do It 的信仰，所以，儘管 NIKE 鞋的生產製造先由臺灣轉移到中國，然後由中國轉移到越南，但始終為顧客所喜歡，經久不衰。

顧客願意為了值得信任的品牌支付更高的價格。

在中國，外國品牌奶粉在過去十年裡，曾經出現不少風波，食安問題一波接一波。但是，卻因為有著比（中）國產奶粉更高的信任度而仍受青睞。

2002 年，美國惠氏藥廠（中國）有限公司生產的愛兒樂媽媽孕產婦配方奶粉因阪崎腸桿菌超標被限令召回。

2002 年，丹麥產荷蘭「多美滋」奶粉受微小金屬顆粒和潤滑油汙染，全球召回。

2004 年，美國美強生奶粉因阪崎腸桿菌超標被判為不合格產品進行銷毀，並對消費者進行賠償。

2005 年，美國雀巢「金牌成長 3+ 奶粉」多批次被查出含碘超標，被迫進行大規模產品召回。

2007 年，日本明治 FU 高蛋白較大嬰兒配方奶粉，鋅含量

不符合標準。

2009 年 2 月，臺灣味全幼兒成長配方奶粉和味全較大嬰兒配方奶粉，被檢驗出含有致病菌阪崎腸桿菌。

2010 年 9 月，美國雅培公司生產的奶粉受到甲蟲汙染。

2011 年以來，美素佳兒、雅培、多美滋等進口奶粉不約而同陷入活蟲事件。

2011 年 12 月初，明治奶粉被檢出放射物銫。

但是，在 2011 年裡，外國品牌奶粉卻連續進行了大約四次漲價。4 月，澳優、美素佳兒桶裝產品價格從 18 元上漲到 31 元（約新臺幣 78 元、134 元），漲幅超過 10%；一進 6 月，雀巢、雅培平均漲價 10%；7 月，惠氏奶粉「全新升級」價格漲幅達 10% ～ 15%；12 月，外國品牌奶粉又創造了一波新的漲價潮，雀巢、澳優、雅培、惠氏等進口奶粉漲價幅度在 10% ～ 20%。

外國品牌奶粉在出現一波波食安事件之後，居然還能漲價，繼續贏得消費者的信賴和支持，使（中）國產品牌自慚形穢，這是為什麼呢？

中國不缺乏技術，不缺乏優質奶源，缺乏的是企業對消費者負責任的態度，而這恰恰是一個品牌的基石。消費者願意為負責任的品牌支付較高的價格，也願意客觀認識和原諒其發生的品質問題。外國品牌奶粉敢漲價，是因為塑造了產品可信賴的品牌形象，而（中）國產奶粉長期給人不負責的印象，使誠信漸失。不怕產品有問題，就怕企業沒有責任心。目前的（中）

國產奶粉總給人留下這樣的印象：在食品品質管制上，不論是奶粉生產者，還是奶粉品質管制部門，往往是「走過場」，或者有「潛規則」，（中）國產奶粉的質檢沒有外國品牌奶粉的嚴格。縱觀每一次的問題奶粉事件，外國品牌奶粉雖然也有問題，但往往是某個品牌的某個產品批次出了問題，而不像（中）國產奶粉，一出問題就是行業性的。外國成熟的產品召回制度和懲戒制度，也給了中國消費者更大的信心。

塑造和成就品牌，第一層次靠平面設計，第二層次靠內部管理和營運，第三層次靠行銷活動和傳播。

據報導，一件售價 5,000 元的服裝，生產環節，包括原料、人工在內的成本僅占 15% ～ 20%，而流通環節，包括店舖租金和廣告的成本占 50% ～ 60%，剩餘才為公司毛利。有媒體報導，某國際大牌的服裝售價動輒數十萬，生產成本僅數千元，其餘大量成本用於形象提升與維護。

企業家的品牌意識決定了企業的未來

（一）只有大企業才有需要、有能力經營品牌嗎

堅持經營品牌是企業做大的原因，不是企業做大的結果。回頭來看，哪個大企業不是從小企業發展起來的？哪個大品牌不是從小品牌開始的？全球最知名的公司蘋果是從車庫起步的，知名運動品牌 NIKE 是從高中田徑運動會上一步一步發

展起來的。但是，蘋果和賈伯斯憑藉對產品體驗的極致追求，NIKE 和菲爾‧奈特憑藉「讓運動員為你促銷」的策略，才成為受人尊重的大企業、大品牌。

（二）我的產品不夠好，所以無法經營品牌

這個世界上從來沒有完美的產品，只有負責任、執著於品牌的企業。

微軟的電腦作業系統不斷被人詬病，但這沒有妨礙它成為全球第一的桌面作業系統。

英國《每日郵報》（Daily Mail）報導，在使用 iPhone 6 通話時，手機有時會夾著使用者的頭髮或鬍鬚。美國男子菲利普‧萊克特（Phillip Lechter）稱，他把 iPhone 6 手機放在褲子的口袋裡，沒想到在他騎車的時候手機被折彎並自燃，導致他的臀部二度燒傷。但這些都沒有阻止蘋果手機的持續熱銷。

2015 年 1 月，由於車輛的引擎燃料噴射系統密封不良，德國汽車製造商奧迪將在全球召回八萬輛車。但這不妨礙奧迪仍然是大家喜愛的豪華車品牌。

沒有哪一個產品能讓所有人都喜歡，也沒有哪一個產品能讓所有人都不喜歡。所謂經營品牌，就是聚焦於喜歡你產品的那個族群，做一個負責任的企業。

（三）最暢銷的產品一定是品質最好的產品嗎

顯然不是。但品質太差的產品肯定不會暢銷。

（四）只有那個行業才需要經營品牌，我們這個行業是不需要經營品牌的

品牌在所有的行業都會產生作用，只是不同行業經營品牌的策略不同，品牌的具體展現不一樣，發揮作用的形式也各不相同。

（五）經營品牌，一定要花很多錢嗎

無廣告行銷是存在的，但無成本行銷是不存在的。經營品牌一定會花錢，但是不一定要花很多錢。企業既要量力而行，循序漸進，又要尋找經營品牌的理想方法。並且，企業要在不同的發展階段制定不同的品牌發展策略。

一擲千金的做法適合大企業，中小企業必須善於以少勝多，以正合，以奇勝。

（六）只要「晚睡早起」就可以做好品牌嗎

僅僅迷戀於勤勞和「晚睡早起」的奉獻精神，不去研究和運用先進的品牌行銷思想，使行銷水準仍然處於低級階段，是不可能在品牌之戰中獲勝的。

（七）低價就可以生存，何必勞心經營品牌呢

很多企業往往沒有危機意識，小富即安，沉迷於當下。既然做低價也可以生存，做加工也可以活著，來樣就可以加工，來件就可以組裝，幹嘛還要做研發、關心客戶體驗、關心品牌建設呢？殊不知，沒有核心競爭力的今天就注定了悲慘的明

天！悲慘的今天一定是從沒有核心競爭力的昨天走過來的。

企業經營品牌的資金從哪裡來

經營品牌，品牌意識、資金、方法，三者缺一不可。短缺，是資金的常態。對於資金，企業除了融資外，提高資金的使用率和效率是關鍵。

（一）融資的保證：商業模式和品牌系統

企業的資金來源包括權益資本和銀行借款、商業信用等。這不是本書的重點，請讀者參考相關書籍。但有一點是可以肯定的，擁有好的商業模式和品牌系統會更好融資。

我們經常問企業家缺什麼，他們回答說缺錢。錢從哪裡來？從銀行、風險投資那裡來。那麼，銀行、風險投資為什麼願意把錢借給你、投給你呢？

關鍵是銀行、風投是否看到了顧客願意以購買你的產品和服務的方式把錢投給你！所以，是否擁有一個好的商業模式和品牌系統是能否獲得資本青睞的重要保證。

（二）集中有限資源成優勢資源

無論對於大企業還是中小企業，資源都是有限的，稀缺、不夠用是資源的常態。尤其是對於中小企業，意識到資源的有限性，就要把有限資源變成優勢資源，集中到最具品牌生產力的環節上。

　　商場如戰場。戰場上的集中有限資源變優勢資源的原則，在商場上同樣適用。

　　《孫子兵法》約成書於西元前 500 年。孫子曰：「故用兵之法，十則圍之，五則攻之，倍則分之，敵則能戰之，少則能逃之，不若則能避之。故形人而我無形，則我專而敵分。我專為一，敵分為十，是以十攻其一也。則我眾敵寡，能以眾擊寡者，則吾之所與戰者約矣。」

　　克勞塞維茲（Clausewitz）被視為西方近代軍事理論的鼻祖，其寫於 19 世紀的《戰爭論》（Vom Kriege）是西方近代軍事理論的經典之作。在這本著作中，克勞塞維茲指出：「數量上的優勢不論在戰術上還是策略上都是最普遍的致勝因素。」但是，數量上的優勢又分為絕對優勢和相對優勢。所謂數量上的絕對優勢，也就是把盡量多的兵力投入戰爭。所謂數量上的相對優勢，就是儘管在全局上、整體上是弱勢，但在重要的、關鍵的、決定性的局部上一定要形成絕對優勢，即整體上的弱勢和關鍵局部上的優勢。這種相對優勢，可以進一步區分為空間上的資源集中和時間上的資源集中。所以，在資源使用上，最重要而又最簡單的準則就是把資源「集中」使用。

　　資源固然有限，把有限資源變成優勢資源方是資源使用之道。只要把有限的資源投入到最具生產力的、最關鍵的品牌戰場上，小企業也可以打勝仗。7Q 行銷思想就是一種行銷資源聚焦使用的策略思想。

（三）用正確的策略經營品牌，提升資金使用率

不同的行銷策略，對資金的使用效率也是不一樣的。用正確的策略和方法經營品牌，可以大大節省資源，提升資金使用效率。這正如戰場上敵對雙方不同的傷亡率是由作戰雙方將領制定的作戰策略決定的一樣。

（四）到底是真缺錢了，還是錢被浪費了

有一些企業，一種缺錢是真缺錢，另一種缺錢卻是由於企業策略不當而造成了資源的浪費。士兵再多，也經不起無謂的犧牲；錢再多，也經不起無謂的消耗。俗話說「會賺錢的不如會花錢的」，說的也是這個意思。

如果 A 企業有 100 萬元廣告費，B 企業有 1,000 萬元的廣告費，是 A 企業缺錢呢，還是 B 企業缺錢呢？做行銷推廣有個好處，只要花錢做，多少都會聽到響聲，見點效果。但是，如果 A 企業用 100 萬的廣告費做出了 1,000 萬的效果，而 B 企業用 1,000 萬的廣告費做出了 100 萬的效果，你說到底是哪家企業缺錢呢？

當企業品牌自上而下設計失誤、行銷系統設計錯誤時，就會造成企業資源的低效率使用，甚至造成龐大的浪費和內耗。這會在後面的章節裡介紹。

打造品牌群就是打造城市品牌、地域品牌、國家品牌

　　產品暢銷、業績成長、擁有自己的強勢品牌是每一個企業家的夢想，但是，由於很多企業家不知道如何去經營品牌，從而走了很多彎路。其實，品牌建設不僅是一間企業的事情，更是地方政府、一個行業所有企業的事情。集群式的品牌建設和發展，不僅會讓企業品牌建設有外部規模效益，還會降低企業建設品牌的成本和費用，樹立更高的品牌壁壘。

　　Panasonic、日立、Sony、TOYOTA、NISSAN 成就了日本的製造業，繼而成就了更多日本品牌，也降低了品牌費用。香奈兒、Dior、蘭蔻、巴黎萊雅成就了法國的化妝品，繼而成就了更多法國化妝品品牌，也降低了品牌費用。

　　在和平年代，國家之間的競爭，就是品牌之間的競爭，這是一場沒有硝煙的戰爭。品牌強，則國家強。企業間是競爭合作的關係，既是對手，更是隊友，在品牌建設的道路上，是可以相互借力的。同時，打造品牌群，進行集群式品牌發展，既是發展地方經濟的最有效方式，也是打造城市品牌、地域品牌、國家品牌的最有效方式，更是地方政府、國家的責任！

從無到有建品牌與品牌進化論

（一）如何在形式上從無到有建品牌

在形式上從無到有建品牌，就是要確定產品和品牌的以下事項：

（1）產品和服務品質設計；

（2）產品包裝；

（3）品牌名稱；

（4）品牌 Logo（標誌）；

（5）品牌 Slogan（標語）；

（6）品牌故事；

（7）品牌 VI（visual identity，視覺識別）手冊；

（8）品牌傳播手冊；

（9）品牌宣傳冊；

（10）品牌宣傳片。

（二）品牌進化——用 7Q 賦予其靈魂

完成形式上的建設之後，品牌建設就像一個仿真玩偶，已經有鼻子有眼了。但是，如果要使其成為充滿活力的生命體，那麼就必須賦予其靈魂和血液，並且，在適應新環境的過程中，可以不斷成長和進化。而 7Q 行銷體系就是賦予品牌靈魂和血液，不斷支撐起品牌的成長和進化的一個重要想法和工具。

是向失敗的企業學品牌，還是向成功的企業學品牌

　　無論是向失敗的企業學習失敗的教訓引以為戒，還是向成功的企業學習成功的經驗消化吸收，你學到的都是一個點，是一些支離破碎的東西，同時，也是一些個性化的東西，往往不具有普適性。它們都無法保證你走向品牌成功的彼岸。

　　事實上，只有站在正確的邏輯出發點和歸宿點上尋找問題的答案，並在此過程中，從其他企業的失敗和成功中選擇性地學習和借鑑教訓和經驗，才能不被其他企業的失敗所影響，不被其他企業的成功所迷惑，從而獲得理念和行為上的堅定，獲得品牌的成功！

　　這個正確的邏輯出發點和歸宿點就是——7Q！

　　回答顧客的 7Q！

　　比競爭對手更有效地回答 7Q！

　　立足資源實際狀況，比競爭對手更有效地回答 7Q！

　　那麼，到底什麼是 7Q？

第一章　臺灣企業缺創立大、經營強品牌的決心嗎？

第二章
什麼是 7Q

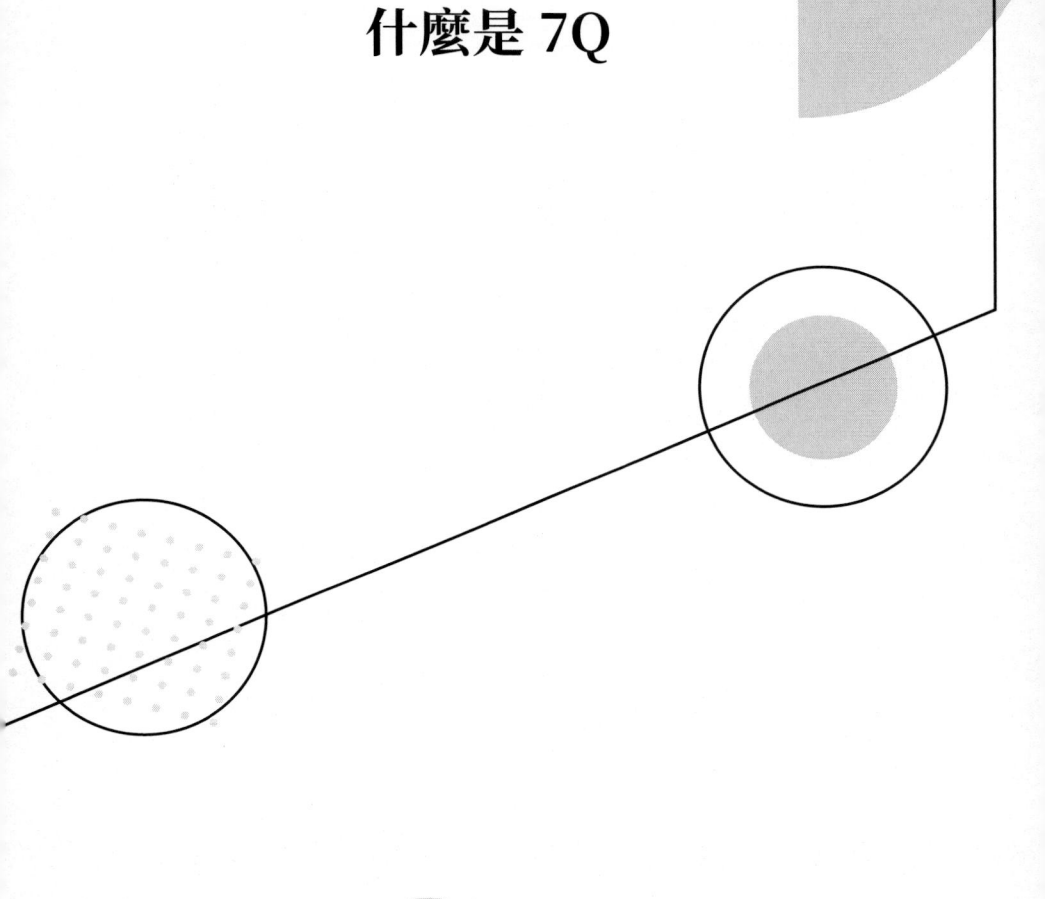

看似簡單實則不簡單的 7Q——顧客最關心的七個問題

7Q 指的是顧客最關心的七個問題（7 questions，簡稱 7Q），這七個問題是顧客站在自己的立場以自己的口吻提出的，它們具體是：

（1）我為什麼要注意到你？（銷售層面的表達式是：我為什麼要聽你講？為什麼要見你？）

（2）這是什麼？

（3）關我什麼事？

（4）我為什麼要相信你？

（5）值得嗎？

（6）我為什麼要從你這裡買？（完整表達式是：我為什麼要買你的？為什麼要從你這裡買？）

（7）我為什麼現在就要買？

在每一個 7Q 問題後面，都有相應的潛臺詞。

（1）1/7Q。產品和品牌很多，琳瑯滿目。同時，我很忙，有很多事情要做，比如晚上要去看電影，或者正在尋找喜歡的電視劇。那我為什麼要放棄其他事情聽你介紹產品，看你的廣告，在你的貨架前駐足呢？請先給我個理由。

（2）2/7Q。你說的這個產品，我不了解，也不關心，你能不能用最簡明、生動的語言清楚告訴我你所說的這個產品是什

麼？有什麼特點？

（3）3/7Q。這個產品還不錯，不過我想知道的是，這關我什麼事呢？如果和我沒有關係，不能為我帶來好處，對不起，我是不會動心，也是不會買的。

（4）4/7Q。現在騙子那麼多，連名人代言的有時都是假的，那麼誰知道你是不是誇大其詞、信口雌黃呢？你的承諾能兌現嗎？我憑什麼相信你說的是真的呢？要我相信你，好啊，請給我理由。

（5）5/7Q。產品雖然好，也能為我帶來顯而易見的好處，可是它不值這個錢啊！大家賺的都是血汗錢，每一分錢都要花在刀口上，一分錢要有一分錢的價值。告訴我，為什麼它值這個價。

（6）6/7Q。你的產品好，別人的也不錯啊，甚至比你的更好。我為什麼非要從你這裡購買？

（7）7/7Q。產品說不定還會降價，到時品質也更完善，況且我也不是十分需要，那我為什麼非要現在購買而不是再等等看呢？所以，我要考慮考慮。

顯而易見，誰能回答 7Q，顧客就將選擇誰。

7Q 的依據——加速顧客購買決策進程

（一）贏得更多顧客選擇，縮短顧客決策時間，提高行銷費用使用效率，是企業的願望

贏得更多顧客購買，縮短顧客決策時間，提高行銷費用使用效率，這是所有企業的共同願望。但如何做到呢？

整個市場由一個個顧客構成，整體銷售額由一筆筆交易構成。不斷搞定每一個顧客，你就有了一個大市場，不斷搞定每一筆交易，你就有了驚人的銷售額。所以，贏得每一個顧客的選擇，搞定每一筆交易，是企業的真正成功之道。而贏得每一個顧客、搞定每一筆交易的關鍵，就是要深刻理解個體顧客的購買和消費決策行為。

個體購買和消費決策行為根據產品價值的大小和購買者承擔的風險差異，可分為四種類型，分別是複雜購買決策、有限理性購買決策、品牌忠誠、慣性購買。當消費者承擔較大的社會風險、健康風險、心理風險、財務風險、功能風險時，會傾向於複雜購買決策行為，比如購買手機、買房，這時候顧客願意投入時間，也有足夠的動力去貨比三家。

當顧客對這次購買行為滿意而下次直接購買相同品牌或類別的產品時，這時表現出的是品牌忠誠行為。當消費者承擔較小的風險同時產品價值較低時，消費者會表現出有限理性購買決策和更多的衝動性購買，比如夏天購買一瓶飲料，這時候

顧客沒有足夠的意願去貨比三家，只要第一家說得過去就可以了，或者是因為看到某款飲料在做促銷，就會多買幾瓶。當沒有不滿意的情況出現，消費者反覆購買某件風險不大的同類產品或在某地反覆購買時，這時表現出的行為往往是慣性購買。比如，小華之所以反覆購買和飲用 50 嵐的飲料，只是因為 50 嵐離他家最近，而他又懶得去遠一點的地方看看其他飲料店。

這裡重點講述一下複雜購買決策行為，一般而言，其他購買行為都是複雜購買決策行為某種程度上的簡化。

複雜購買決策行為可以分為以下八個步驟（如圖 2-1 所示）：

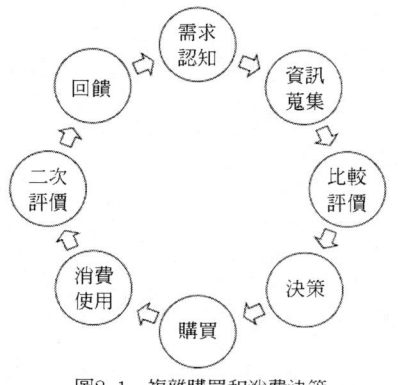

圖2-1　複雜購買和消費決策

（1）需求和問題的認知；

（2）資訊蒐集；

（3）產品和品牌比較；

（4）決策；

(5) 購買；

(6) 消費；

(7) 購買後評價；

(8) 對下次購買和消費行為的回饋。

組織或群體的購買決策和消費過程基本與個體購買決策中的複雜決策行為類似，也存在八個購買環節，即組織需求認知、資訊蒐集、產品評價、決策、購買、使用、購買後評價回饋。兩者不同之處在於，在個體複雜購買決策過程中，所有環節都是由顧客一個人完成的，而在組織購買決策中，這些環節和步驟可能是由不同的部門和人員分別擔負不同的角色共同承擔和完成的。例如公司購買一套人力資源管理軟體，組織需求認知是由人力資源部實現的，資訊蒐集是由人力資源部和採購部實現的，產品評價是由包含人力資源部、採購部、總經理、電腦中心等的一個專業委員會承擔和實現的，選擇購買哪一家的軟體是總經理在聽取人力資源部意見後決定的，購買是由採購部人員具體去完成的，使用軟體是在人力資源部進行的，購買後評估也是在人力資源部進行的，回饋也是在人力資源部進行的。即在組織購買中存在著以下角色和分工：購買發起者、實際使用者、資訊提供者、決策影響者、最終決策者、購買者。在組織購買中，銷售人員必須弄清楚是誰扮演著以上角色。

因此，在個體購買中，我們只要影響顧客一個人就可以了，而在組織購買中，僅僅抓住決策者一人是不夠的，還要對

各個層面的人施加影響才能獲得成功。

但是，無論是個體購買還是組織（群體）購買，在初次購買的時候，其上述購買決策和消費行為的八個步驟都有基本的先後順序。即，顧客總是先有需求，繼而蒐集資訊、比較評價、下定決心作出選擇，隨後是購買和消費，最後作出購買後評價並對下次購買行為產生潛在影響。

行銷可以縮短顧客購買的某個步驟，從而加速顧客的購買進程，卻不能越過某個步驟。因此，行銷活動的直接目的就是，運用商業活動不斷幫助顧客認識到自己的需求，進一步幫助顧客蒐集產品資訊，樹立起正確的評價產品的標準，協助顧客作出正確的決策，使顧客認識到什麼樣的付款方式是最有利的，最後教會顧客正確使用所購買的產品，強化顧客滿意感，讓顧客感受到自己作出的購買決定是明智的，下次還要購買這個產品。

顧客購買產品的過程，就是尋找自己心中問題答案的過程──顧客獲得答案的時間越短，其決策進程就會越快。所以，如果企業能夠洞察和發現顧客心中的疑問，並透過自己的行銷活動讓顧客盡快獲得答案，那麼，這個企業必然會贏得更多的顧客選擇，不斷縮短顧客的購買決策時間，提高行銷費用的使用效率。

7Q 就是洞察和揭示顧客在購買決策進程中內心所存疑問的結果，這些問題也有效連結了企業的行銷活動和顧客的購

買進程。

（二）7Q 為什麼是這七個問題，要這樣表述，而不是另外的七個問題呢

顧客提出的這七個問題是推動性問題，其推動顧客購買進程一步一步向前，直到顧客完成這七個問題，作出購買決策。與推動性問題相對應的是描述性問題，比如我從哪裡買？什麼時間買？買什麼？這些問題就是描述性問題。描述性問題與推動性問題相比，不具有很好的推動性：

（1）對於顧客而言，推動性問題能更好地指導他完成購買決策。

（2）對於企業而言，推動性問題能更好地指導他思考行銷活動的有效性。

（三）為什麼是 7Q，而不是 6Q、8Q……

為什麼是 7Q，而不是 6Q 或 8Q 呢？因為 7Q 是顧客選擇與購買的充分必要條件。

少一個問題，顧客的決策不能完成；而多一個問題，對於顧客是否決定購買並不會造成本質的影響。

多幾個問題的情況包括兩種：

（1）這些問題是購買決定作出之後的細節問題，比如顧客已經決定買了，那買幾個呢？買多少呢？刷卡還是付現呢？這些問題對於之前的購買決定沒有任何影響。

(2) 這些問題都可歸於某個 7Q 問題，是 7Q 的具體表述，比如你們的銷量是多少？你們現在有沒有活動？

（四）你是否深刻理解了看似簡單實則不簡單的 7Q

問一下自己以下幾個問題，如果你想得明白，就說明你已經理解了 7Q，否則，繼續加油哦！

(1) 如果一間公司的銷售人員的業務水準低，但這間公司的產品仍然暢銷，請問為什麼？

(2) 如果一間公司的銷售人員的業務水準高，但這間公司的產品卻不暢銷，請問為什麼？

(3) 如果一間公司的電視廣告、網路廣告打得很少，但這間公司的產品仍然暢銷，請問為什麼？

(4) 如果一間公司的電視廣告、網路廣告打得很兇，但這間公司的產品卻不暢銷，請問為什麼？

(5) 如果一間公司的廣告打得很多，銷售人員的綜合素養看起來也很高，但是產品卻不暢銷，請問為什麼？

(6) 如果一間公司的廣告打得沒有對手多，銷售人員好像也沒有競爭對手強，但產品卻比對手暢銷，請問為什麼？

7Q 對行銷的定義

孫子曰：「兵者，國之大事，死生之地，存亡之道，不可不察也。」市場行銷（marketing）就是企業的「死生之地，存亡

之道」，它又被稱為市場學、行銷學，簡稱「行銷」。

（一）美國行銷協會對市場行銷的定義

美國市場行銷協會董事會於 2013 年 7 月一致審核通過的最新市場行銷定義為：

市場行銷是在創造、溝通、傳播和交換產品中，為顧客、客戶、合作夥伴以及整個社會帶來價值的一系列活動、過程和體系。

（二）菲利普·科特勒對市場行銷的定義

菲利普·科特勒在《行銷管理：亞洲實例》一書中對市場行銷下的定義是：

市場行銷，是個人和群體透過創造並和他人交換產品和價值以滿足其需求和欲望的一種社會和管理過程。

（三）7Q 品牌行銷想法對市場行銷的定義

7Q 品牌行銷認為：市場行銷是以自身資源為基礎，以比競爭對手更有效地回答顧客 7Q 問題、快速推動顧客決策進程為目的的活動。

這一定義除了在企業經濟活動裡適用，對於擴展到其他行業和活動的廣義市場行銷也同樣適用，比如政治選舉、商業演講、戀愛嫁娶、求職應徵、升遷加薪等。

快速推動顧客決策進程，對於企業和顧客其實是個雙贏的過程。對於企業而言，這意味著實現了產品的價值和資金的

回籠；對於顧客而言，這意味著需求得到了滿足，問題得到了解決。

這個定義中包含了三個關鍵字「資源、競爭、7Q」。與以往的市場行銷定義相比，它清晰、堅定地指出了這樣一個事實：任何行銷的成功和行銷問題的解決都離不開資源的考量、競爭力量的對比以及顧客需求的滿足。它更易於讓行銷從業人員抓住行銷成功的關鍵。所以說，7Q 品牌行銷是「資源、競爭、顧客」三位一體的行銷思想，是關於企業如何高效分配資源、贏得顧客的行銷思想。

(四) 狹義的品牌、行銷、銷售

品牌、行銷和銷售（俗稱推銷），這三個詞彙是相互關聯的。它們在本質上是一樣的，指的都是快速推動顧客的購買進程，幫助顧客完成決策，滿足需求。在外延和形式上，行銷其實是包含品牌和銷售的，品牌和銷售都是行銷的一種形式和手法。當行銷被狹義使用時，才把行銷與品牌和銷售並列。行銷在狹義使用時，有時會被稱為市場、市場活動。

當行銷被狹義使用時，行銷、品牌、銷售有以下區別（如表 2-1 所示）：

表 2-1 品牌、行銷、銷售詞彙表

序號	詞彙	溝通（說服）形式	作用關係
1	銷售	一對一溝通	把產品賣給顧客，把錢收回來，錢貨兩清

| 2 | 行銷 | 一對多溝通 | 讓銷售變得簡單，把銷售員變成收銀員 |
| 3 | 品牌 | 符號化溝通 | 讓行銷變得簡單，讓銷售成為多餘 |

　　銷售是指面對單一顧客的溝通和說服，是一對一的，有時也是多對一的，即一個銷售人員試圖說服一個顧客，或一個銷售團隊（多人）說服一個顧客，比如汽車展示中心銷售顧問在接待一個想要買車的顧客時所做的工作。

　　而行銷是指面對群體顧客的說服，是一對多的，有時也是多對多的，比如電視廣告，就是用一個廣告片對電視機前成千上萬的觀眾進行溝通和說服。

　　品牌追求的是符號化溝通，只要顧客看到這個符號，毋須更多了解，顧客基於信任就會作出選擇和購買，比如 iPhone，很多人在選擇購買 iPhone 的時候，其實對蘋果的各種功能並不了解，只是基於相信才選擇購買。所以，也可以說品牌是一種符號化的信任，甚至是信仰。

　　如果用軍事來為品牌、行銷和銷售打個形象的比喻，那麼銷售是單兵作戰，要求一顆子彈消滅一個敵人；行銷是空軍作戰，要求一次空襲消滅一個陣地，摧毀一座城市；品牌是核彈，當聽到核彈的時候，敵人心裡想的一定是「這下完了！這仗不用打了」，立刻繳械投降。無論是行銷還是銷售，都要回答顧客最關心的問題，只不過，從銷售的角度回答要適應單兵作戰的特點，從行銷的角度回答必須適應空軍作戰的需求，從品牌的

角度回答則必須適應核戰爭的特點。

當品牌、行銷、銷售三者結合的時候,行銷為銷售提供空中優勢,行銷讓銷售變得簡單,簡單到讓銷售員成為收銀員;品牌為銷售提供策略優勢,讓行銷變得簡單,讓銷售成為多餘。在實踐中,品牌、行銷、銷售是有系統的結合、各自發揮作用的。

以上的軍事比喻也告訴我們,如果競爭對手依靠的是銷售單兵,我們可以建立行銷空軍轟炸來打敗它;如果競爭對手已經建立了強大的品牌核彈,你就要看看自己有沒有和它一戰的決心和資源了,否則,下場就會很難看。

為了讓大家更清楚地理解品牌、行銷、銷售,我們也拿戀愛作一比喻。

男生對女生說:「我有車有房,我保證讓妳幸福,嫁給我吧。」這是銷售。

男生創立了一家公司,經常在電視媒體上露面,並向貧困兒童捐款助學,人們都說他一表人才、事業成功、心地善良,因此,雖未謀面,已成為眾多女生心中的白馬王子,女生也爭相向男生表白。這就是行銷。電視媒體就是行銷中的廣告,捐款助學就是行銷中的公關事件。

男生結婚生子,女生爭相嫁給男生創立的這家公司的男性員工。這是品牌(效應)。

企業不同層次的人員要在不同層次上思考和回答 7Q

企業不同層次的人員要在不同層次上思考和回答 7Q。

終端和一線銷售人員要在終端銷售流程和話術層次上思考和回答 7Q，要多從七句話術保成交的角度來為 7Q 建構答案。

行銷總監和經理要經常在行銷系統層面上思考和回答 7Q，要從 7Q 品牌行銷系統的角度為 7Q 建構答案。

總經理和投資人要多多在品牌自上而下設計層面來思考和回答 7Q，要從 7Q 品牌自上而下設計的角度為 7Q 建構答案。

7Q 品牌行銷的術語

在這個部分，我們將對 7Q 品牌行銷系統中涉及的專業術語給大家作一個定義和規範。

（一）7Q 或 7Qs

7Q 或 7Qs 指的是顧客所關心的七個問題。詳見本章開篇內容。

（二）N/7Q

N/7Q 讀作「七分之 NQ」，指的是第 N 個 7Q 問題。例如 1/7Q 讀作「七分之一 Q」，指的是第一個 7Q 問題，即「我為什麼要注意到你」，依次類推，7/7Q 指的是第七個 7Q 問題，即

「我為什麼現在就要買」。

（三）（7Q）^{N}

（7Q）^{N} 讀作 7Q 的 N 次方，指的是在一間企業裡所有行銷層次、行銷部門都執行 7Q 行銷的情況和系統，即全員 7Q 行銷、全部門 7Q 行銷、全企業 7Q 行銷。

（四）7Q 品牌自上而下設計

7Q 品牌自上而下設計，指的是以 7Q 行銷想法為指導原則來進行的品牌自上而下設計。

（五）7Q 品牌行銷系統（7Q 品牌暢銷系統）

7Q 品牌行銷系統指的是能全方位回答顧客 7Q 問題的行銷系統。

（六）七句話術保成交銷售系統

七句話術保成交銷售系統，簡稱「七句保成交」，指的是每一個 7Q 問題都可以透過一個話術來回答和解決的銷售系統。

（七）7Q 體質

7Q 體質，包含顧客的 7Q 體質和產品的 7Q 體質。

顧客的 7Q 體質，指的是顧客不需要企業來回答、自己已獲得 7Q 答案的情況。如果顧客自己已獲得答案的 7Q 問題多，則說顧客的 7Q 體質好；反之，則說顧客的 7Q 體質差。

產品的 7Q 體質，指的是產品本身基於 7Q 易被顧客理解的

情況，正所謂「好的產品自己會說話」，它涵蓋需求和產品設計兩個方面。

（八）行銷工具的 7Q 屬性

行銷工具的 7Q 屬性，指的是某種行銷工具可以回答哪些 7Q 問題，在回答哪些 7Q 問題上更具優勢。例如，明星代言在 1/7Q 和 4/7Q 上具有優勢，「無理由退換貨承諾」在 4/7Q 上比「貨到付款」更有力度。

進行行銷工具的 7Q 屬性分析，就是進行兩件事，一是分析某個行銷工具在回答哪些 7Q 問題上有優勢，二是分析在回答某個 7Q 問題時哪個行銷工具更有優勢。

此外，我們可以針對某個 7Q 問題進行基於此 7Q 屬性的行銷工具的創新和開發。

（九）7Q 行銷工具的資源屬性

7Q 行銷工具的資源屬性，指的是 7Q 行銷工具在回答 7Q 的時候都需要動用什麼樣的資源，需要動用多大量級的資源，效果實現的大小和快慢等。比方說，明星代言需要動用的資源就比較多，效果實現得也比較快等。

（十）7Q 的競爭差距

7Q 的競爭差距，指的是兩個競爭企業在各個 7Q 問題上的差距。7Q 的競爭差距分析，就是分析兩個競爭企業在各個 7Q 問題上的差距，進而分析可以在哪個 7Q 問題上拉開較大的差

距，在哪個 7Q 問題上可以縮小差距，在哪個 7Q 問題上很難拉開或縮小差距，差距形成的原因是什麼。

（十一）7Q 審查

7Q 審查指的是企業用 7Q 來審視自己和競爭對手的行銷系統。

7Q 對於企業各部門的意義

（一）總經理可用 7Q 來判斷下屬工作的有效性並聚焦資源

總經理和老闆只要問一下行銷人員所企劃的活動是要解決哪一個 7Q 問題，是否全方位地回答了 7Q，就可以清楚判斷行銷人員的工作和努力是否是有效的，花掉的每一分錢是否值得。同時，總經理可以經由 7Q 自檢發現公司的缺點，從而找到改進的方向和資源聚焦的關鍵點，從而做到事半功倍。更可以快速找到行銷和銷售人員的缺點，快速提升銷售人員的成交率和工作效率！

（二）行銷人員可用 7Q 判斷和提升工作的有效性

行銷人員可以透過 7Q 有效判斷當下工作的有效性，顯著提升行銷推廣效率。差的行銷人員會花掉公司 100 萬元的推廣費用換來 10 萬元的推廣效果，而好的行銷人員卻可以用 10 萬元的推廣費用換來 100 萬元的推廣效果。

（三）銷售人員可用 7Q 判斷和提升自己的成交率

一線銷售人員可以經由 7Q 自檢發現個人的缺點，找到改進的方向和資源聚焦的關鍵點，從而顯著提高成交率，做到業績倍增、收入翻番！

（四）7Q 讓企劃人員的企劃工作變得簡單

7Q 可以幫助企劃人員快速理清企劃思路，讓整個企劃有的放矢，步步為營，使企劃工作變得簡單！

（五）企業可用 7Q 判斷和評估外部合作夥伴企劃工作的有效性

企業把一些品牌企劃和執行工作交給外部專業的廣告公司、公關公司和行銷顧問公司的情況已越來越普遍，那麼，如何評價這些外部公司的企劃工作和執行工作的有效性？用 7Q 同樣可以實現。

從「七句話術保成交」到「品牌的資本運作」── 7Q 行銷思想的兩角度三層次九級別應用

7Q 行銷思想的應用可以用兩角度、三層次、九級別來表示，如圖 2-2 所示。

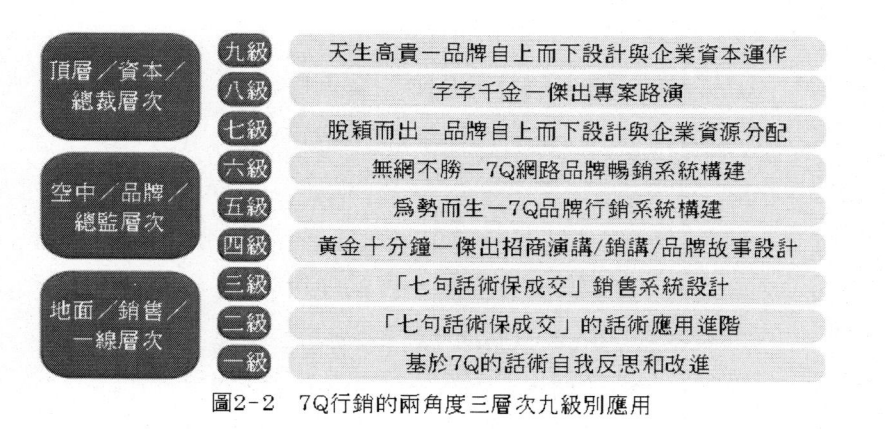

圖2-2　7Q行銷的兩角度三層次九級別應用

　　兩角度，是指企業應用角度和基於企業系統下的個人應用角度。個人應用角度是指在個人能力水準上尋找問題的答案和業績的提升，企業應用角度是指在系統層面為7Q尋找答案和業績的提升。

　　三層次，是指銷售層次、品牌行銷層次、資本營運層次。

　　九級別，是指：

（1）基於7Q話術的自我反思和改進；

（2）「七句話術保成交」的話術進階；

（3）「七句話術保成交」銷售系統設計；

（4）招商演講、銷售演講、品牌故事等；

（5）7Q品牌行銷系統建構；

（6）7Q網路品牌暢銷系統建構；

（7）品牌自上而下設計與企業資源分配；

（8）專案路演（roadshow）；

（9）品牌自上而下設計與品牌的資本營運。

其中，（1）（2）（3）是銷售層次的應用，（4）（5）（6）是品牌行銷層次的應用，（7）（8）（9）是自上而下設計和資本層次的應用。（1）（2）（4）（8）是基於企業系統下的個人應用角度，（3）（5）（6）（7）（9）都是企業系統角度的應用。

1. 先尋求在銷售層面低成本地解決問題

（1）（2）（3）級別是在不改變企業現有行銷要素和投入的情況，把企業的客戶轉化率和成交率做到最大，以提升業績和銷售額。這是在讓企業產生改變、讓效果看得到的 7Q 應用中，成本最低、時間最短的應用方式。

2. 銷售解決不了的問題，到品牌行銷層面來解決

但是，很多企業和品牌的問題是在銷售層面解決不了的，或提升的空間有限，這時，只有在品牌行銷層面動手術才能給它更大、更多的可能性。這種情況下就要進入品牌行銷層面的（4）（5）（6）級別，進行品牌行銷要素和系統的重建、升級。

這是在企業實現品牌發展、瓶頸突破的 7Q 應用中，成本高一點、效果好更多的 7Q 應用方式。

3. 策略解決不了的問題，用資本來解決

這個世界上會有無廣告行銷，會有相對的低成本行銷，但不會有「無成本行銷」。品牌需要資源來承載，企業需要資本來支持。（1）級別至（6）級別都是在立足企業內部資源的基礎上

展開的。而要獲得品牌的無限可能，既要有效分配內部資源，還要高效整合外部資源，善用金融資本市場，而用好外部資源和金融資本的基礎是品牌自上而下設計。於是，這時候企業家需要在（7）（8）（9）級別上去尋找答案，為品牌的未來獲得無限的可能性，在市場上長袖善舞。

這是企業實現大發展、經營大事業的 7Q 應用中，長遠來看成本相對最低、效果最好的應用方式。

4. 在企業角度和個人角度積極尋求解決之道

企業可以先嘗試在 7Q 應用的個人角度尋求提升，當個人角度無法實現新突破時，再到 7Q 行銷的企業系統角度尋找更大的可能性。

在短期內，企業可以在 7Q 應用的個人角度為業績的提升尋找解決方案；而從長期來看，企業必須在 7Q 應用的系統層面尋找解決之道。

新創企業、面臨轉型升級的企業一定要先從 7Q 應用的系統角度尋找解決方案，然後才是從個人角度尋找。

第二章　什麼是 7Q

第三章
7Q 品牌自上而下設計

從品牌自上而下設計到 7Q 品牌自上而下設計

建造品牌大廈，藍圖和地基是最重要的。如果沒有藍圖，就是盲目建設；如果地基不牢，品牌大廈將暗藏危機！基礎不牢，地動山搖。輕則需要更多資源來為品牌大廈加固、補強，重則經不起風吹草動，轟然倒塌。品牌自上而下設計就是品牌大廈的藍圖和地基。

（一）什麼是品牌自上而下設計

現在市場競爭越來越激烈，顧客越來越挑剔，價格競爭難以為繼，辛辛苦苦，卻毫無利潤；想打造品牌，卻不知道如何打造；投入了龐大資源打造品牌，卻又毫無效果；明明做了很多對的品牌動作，團隊執行力也很強，資源投入也有保障，卻沒有對的結果，這是為什麼？結果是，不經營品牌等死，經營品牌卻是找死——這是為什麼呢？究竟哪裡出了問題？如何破解這些問題？問題往往是出現在品牌自上而下設計上。

那什麼是品牌自上而下設計呢？先來看看什麼是自上而下設計，然後，我們再定義品牌自上而下設計。

用古話講就是：「不謀萬世者不足以謀一時；不謀全局者，不足以謀一域。」所以，要進行一個全局的、面向長期的系統規劃和設計，這就是自上而下設計。

「自上而下設計」（top-down design）最初是一個工程學術語，是指統籌考慮專案各層次和各要素，追根溯源，統攬全

局，在最高層次上尋求問題的解決之道。它最早用於工程技術行業，比如大的水電、核電工程，後來從自然科學領域移植到社會科學領域，英文是「top-down」，就是從最高層開始，站在一個策略制高點，弄清楚要實現的目標後，一層一層去設計好。

所謂品牌自上而下設計，就是從全局的角度，統籌考慮品牌各層次和各要素，追根溯源，統攬全局，在最高層次上尋求問題的解決之道，以集中有限資源，有效利用，高效快捷地實現目標，其目的是為品牌的未來發展奠定最大的狀態和形勢，為品牌的發展制定最高的行動準則。就是要讓品牌一開始處於高山之上，擁有高處之勢，讓品牌似長江、黃河一樣奔騰而下；就是為品牌制定一部品牌憲法，不管各部門、各種行銷要素如何去創新、去執行，都不能違背品牌憲法，這就是最高的行動準則。

（二）不讓品牌輸在起跑線——奠定品牌先天之高勢

勢，古字作「埶」（一、），字形從「坴」從「丸」，「坴」為高土墩，「丸」為圓球，字面意像是圓球處於土墩的斜面即將滾落的情形。「埶」與「力」聯合起來表示「高原上的球丸具有往低地滾動的力」。

《孫子兵法》在〈兵勢篇〉曰：

故善戰者，求之於勢，不責於人，故能擇人而任勢。任勢者，其戰人也，如轉木石。木石之性，安則靜，危則動，方則

55

止，圓則行。故善戰人之勢，如轉圓石於千仞之山者，勢也。

　　水，有的如長江黃河奔騰不息，有的如山前小溪緩緩流動，有的如家旁死寂的湖水，為何？水之起勢不同也。長江水的奔騰之勢，源於長江的發源地——海拔 6,624 公尺的青藏高原的唐古拉山脈各拉丹冬峰賦予了長江先天之高勢！

　　勢從高處來，則事半功倍；勢從低處來，則事倍功半。順勢，則企業團隊付出很少，得到很多；逆勢，則企業團隊付出很多，得到很少。借勢，大事可早成；造勢，需量力而行。

　　品牌自上而下設計就是運用各種行銷工具把品牌放在高處，為品牌奠定一個先天高勢，不讓品牌這個「孩子」輸在起跑點上！

（三）遏制離心的衝動——制定品牌憲法和最高行動準則

　　憲法是我們國家的根本大法，是最高的行動準則。憲法規定了國家最根本、最主要的問題，比如國體、政體、公民的基本權利和義務等。 憲法具有最高的法律效力，它既是制定其他普通法律的依據，任何普通法律都不得與憲法的原則和精神相違背，它更是一切國家機關、社會組織和全體公民的最高行為準則。

　　品牌自上而下設計就是制定品牌憲法和品牌的最高行動準則。它是品牌航母前行的保障，它有效遏制企業各層次、各部門的離心衝動，避免各自為戰，以確保各層次、各部門的工作都緊緊圍繞在正確的方向、正確的事務上，各種資源都聚焦在

最具品牌生產力的環節上。

(四) 沒有做好品牌自上而下設計會怎樣

小微企業可以試錯，可以「試水溫」，可以不做品牌自上而下設計，但大中企業不可以。因為小微企業試錯的成本相對低，但企業越大，就越經不起折騰，犯錯的成本也越大。「試水溫」不是明智之舉，而多是無奈之舉。

完成品牌自上而下設計之後，現在就只剩一件事了，那就是執行。

如果沒有品牌自上而下設計，會有三個惡果：

(1) 不斷做對的事情，卻不會產生對的結果。

好比開車回家是對的，朋友在一起喝酒是對的，但喝酒開車就是不對的。各部門做了很多對的事情，但卻沒有一起產生一個對的結果，這就是自上而下設計不佳的惡果。

沒有品牌自上而下設計的指導，再精美的宣傳單也無法產生作用。品牌的任何一個動作、任何一個推廣物料，如果沒有裝著品牌自上而下設計的基因，也都是烏合之眾，散兵游勇。

(2) 行銷費用輕則需要加大投入，重則使用無效率，嚴重內耗。

一百多年前，美國著名商人約翰·沃納梅克 (John Wanamaker) 說：「我知道我投的廣告費中，至少有一半是被浪費掉了，但我不知道是哪一半。」現在來看，其浪費的原因就是自上而下設計不佳，造成內耗。

（3）沒有重複，不敢堅持，使好的策略半途而廢。

只有堅持投入，不斷重複，品牌才會有「勢」的不斷累積，最終，量變產生質變！沒有堅持，沒有持續的投入，沒有重複，就不會有品牌「勢」的累積。陣前搖擺，改弦更張，更會讓前期已經累積的品牌之勢一夜歸零，蕩然無存。沒有系統的全局謀劃，大家在前進道路上就無法定下心，決心就會搖擺，行動就會起伏、反覆。有了品牌自上而下設計，才有策略重複和策略堅持。

（五）7Q 品牌自上而下設計的定義和構成

7Q 品牌自上而下設計就是以 7Q 行銷思想為指導原則而進行的品牌自上而下設計。

7Q 品牌自上而下設計主要涉及以下問題的處理（如圖 3-1 所示）：

①商業模式及利潤模式，包括母子品牌間的關係、品牌與系列產品的關係等；

② 7Q 品牌行銷系統（好的 7Q 品牌行銷系統亦被稱為 7Q 品牌暢銷系統），包括品牌定位、行銷手法組合等；

③行動綱領等。

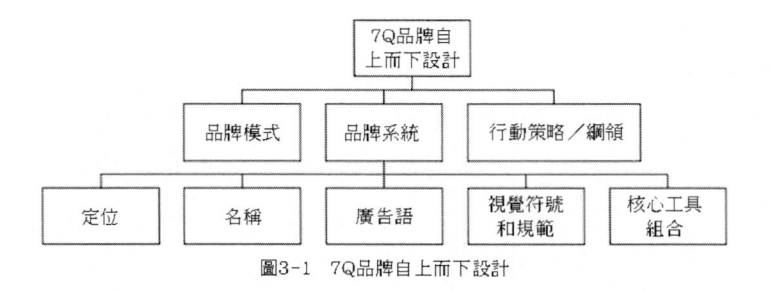

圖3-1　7Q品牌自上而下設計

　　品牌自上而下設計雖然會保持很高的穩定性，但並非一成不變，也要定期審查，看看它是否適應新的環境、新的變化。

　　我們在這一章裡簡單介紹一下商業模式和行動綱領，下一章起重點介紹 7Q 品牌行銷系統。

一切競爭首先是商業模式（利潤模式）的競爭

（一）國美、蘇寧、京東價格之爭歸根到柢是模式之爭

　　價格競爭一直是廠商之間競爭的狠角色，也是衡量行業競爭激烈程度的最重要指標。

　　以中國為例，京東商城（以下簡稱「京東」）、國美電器（以下簡稱「國美」）、蘇寧電器（以下簡稱「蘇寧」）之間在 2012 年 8 月 15 日正式打了一場價格戰。京東、國美、蘇寧三方均公開對產品的銷售價格作出承諾。京東方面早前就聲稱，家電價格實施「零毛利」，並比國美和蘇寧便宜 10%；蘇寧方面表示，所有產品價格低於京東；國美方面稱，國美網上商城全線商品

價格將比京東低 5%。當時很多專家認為，京東主動挑起的這場價格戰勢必會引發企業間的惡性競爭，其實倒也未必。但是，這場價格戰確實是對三家商業模式的大考驗。由於京東是線上銷售，國美、蘇寧主要靠線下銷售，京東沒有實體門市成本支出，而國美和蘇寧還有巨額的實體門市成本支出，所以，三家的商業模式不同，成本結構不同，這些必然會反映在價格的結構和競爭上。

長期來看，京東模式是可以維持一個比國美、蘇寧低的價格而營利的。

因此，當時的多數投資者認為國美、蘇寧將不敵京東，國美和蘇寧將因此受損。8 月 14 日，蘇寧電器的股價創下當年以來的第二大跌幅，暴跌 7.11%；次日午間，蘇寧出招護盤。8 月 15 日，國美股價下跌 0.05 港元，收報每股 0.67 港元，大跌 6.944%。

價格競爭無可厚非，部分企業就是憑藉價格競爭而崛起，價格競爭也意味著顧客獲得更多的好處。但是，價格競爭往往是傷敵一千自損八百。因此，品牌必須跳出純粹的價格競爭，看到背後的商業模式競爭，看到究竟是什麼在支撐正面的價格之爭。高明的價格競爭總是以合理先進的利潤模式（或商業模式）為基礎。這就是商業模式對價格競爭的批判和昇華。價格是利潤模式的集中展現，利潤模式又是商業模式的集中展現。先進的利潤模式必然會代替陳舊落後的利潤模式，這種代

替會集中展現在誰能為顧客提供更多的價值上，而在一些行業則會展現在更低的價格上，甚至是免費。我們相信，先進的商業模式或利潤模式才能實現企業和顧客的雙贏，以先進的商業模式或利潤模式為基礎的價格競爭才能實現顧客價值的最大化和行業地位的最大化。因此，在一定意義上講，價格已死，模式上位！

（二）什麼是商業模式（Business Model）和利潤模式（Profit Model）

簡單地說，商業模式就是企業賺錢的方式，是企業整體運作的方式。商業模式本質上就是利益相關者的交易結構，完整的商業模式包括定位、業務系統、關鍵資源能力、營利能力、自由現金流結構、企業價值等六個方面。

7Q 行銷思想認為：

商業模式和利潤模式在本質上是一致的，商業模式包含利潤模式，利潤模式是商業模式更簡練的表達和集中展現，商業模式中沒有營利的表達就是虛假的商業模式。商業模式和利潤模式都是重要的策略安排，其差異之處在於商業模式中包含時間和不同的階段跨度。比如先吸引客戶再收費，就定義了不同事項間的時間先後，而利潤模式不對其包含的要素進行時間上的定義。但是，無論是商業模式還是利潤模式，都是在以下方面作出的安排、設計和表現：

（1）對利益相關者之間的關係的安排。

（2）對企業產品和服務之間的關係的安排。

（3）這些安排集中展現在企業產品去向、收入來源和收取方式，以及資源獲取方式和成本支出上。

因此，利潤模式是商業模式的集中展現，是對利益相關者之間的關係的安排，是對企業產品和服務之間的關係的安排，集中展現在企業產品去向、收入來源、收取方式，以及資源獲取方式和成本支出上。

為了更完整地說明和理解利潤模式，下面對其中涉及的一些概念作出解釋：

（1）利益相關者。利益相關者是指與企業產品和服務產生直接關聯的人，它主要包括三個方面：消費者、買單者、參與者。消費者、買單者、參與者可能是同一個人，也可能不是。

（2）消費者。是指消費企業產品和服務的利益相關者。

（3）買單者。是指為企業產品和服務支付貨幣價格的利益相關者。在禮品消費中，接受禮物的人是消費者，購買禮物的人是買單者。

（4）參與者。是指利益相關者中去掉消費者、買單者後的利益相關者，比如供應商、稅務局等。

（5）消費意願。利益相關者需要產品和服務的程度，以及需要的迫切程度。

（6）支付意願。利益相關者願意為產品和服務支付貨幣的程度，以及願意支付貨幣多少的程度。利益相關者對產品的消費

意願和支付形式對支付意願有很大的影響。

（7）支付形式及收取方式。支付形式是指消費者為取得產品和服務支付貨幣的形式和途徑，有四種形式：

①先取貨後付款，即先取得產品和服務再支付；

②先付款後取貨，即先支付再取得產品和服務；

③第三方支付，即先支付給第三方，再由第三方支付給企業；

④複合支付模式，是以上模式的複合，即把應支付的貨幣分成幾部分，分別採取不同的支付形式，比如先支付一定比例的定金，在取得產品和服務後再支付剩餘金額等。

第三方支付又分為兩種情況：第一種是透過具有公信力的第三方，主要是解決消費者與企業間的相互信任問題，消費者先支付給具有公信力的第三方，比如 PayPal、銀行、房屋仲介等，在取得產品和服務後，再由第三方支付給企業；第二種是透過具有收付便利性的第三方，主要是解決消費者支付的便利性問題，消費者應該支付給企業的金額由第三方代收，再由第三方轉交給企業，比如 LINE Pay。

下面，我們用智豬博弈說明消費意願與支付意願的關係。

在賽局理論（Game Theory）經濟學中，「智豬賽局」（Pigs' payoffs）是一個著名的案例。假設豬圈中心有一頭大豬、一頭小豬。豬圈的一頭有豬食槽，另一頭安裝著控制豬食供應的按鈕，單擊按鈕會有 10 個單位的豬食進槽，但是誰按按鈕誰就得

首先付出 2 個單位的成本，若大豬先到槽邊，大小豬吃到食物的收益比是 9：1；同時到槽邊，收益比是 7：3；小豬先到槽邊，收益比是 6：4。那麼，在兩頭豬都有智慧的前提下，最終結果是小豬選擇等待。

我們可以借這個案例說明商業模式中消費意願和支付意願等問題。顯然，大豬和小豬都有消費意願，但是小豬沒有支付意願，而大豬有支付意願。

在二手房買賣中，房屋經紀人一般只從買家收取費用，不從賣家收取費用，這是因為儘管買家和賣家都有促成交易、消費仲介服務的「消費意願」，但是，賣家沒有支付意願，只有買家才有較強的支付意願。同樣，在會展活動中，會展公司一般只向參展商收取費用，而不向觀眾收取費用，也是因為參展商的支付意願比較大，而收費卻會大大降低觀眾的參展熱情，也就是消費意願。

分清利益相關者中誰的消費意願強，誰的支付意願強，對於商業模式的合理設計是很重要的。

(三) 為什麼要重視利潤模式的設計和創新

當顧客對一項產品和服務只有消費意願，而沒有支付意願時，即顧客只接受免費模式時，我們必須透過利潤模式的設計和創新來實現營利。

婚戀交友網站從創建之初便受到創業投資公司的極大關注。現在國際上通行的婚戀網站的商業模式是收取會員費，而

在臺灣，這種商業模式的實施遇到了很大的困難，因為臺灣網路使用者有免費消費的習慣，雖然消費意願足，但支付意願不足。為了改變這種局面，某網站根據消費者消費意願和支付意願的不同，為少數消費意願和支付意願都強的消費者推出了VIP 榜，每人每天收費 100 元。在 VIP 榜上的使用者收到的信件遠高於一般使用者。而 VIP 榜使用者一般是連續七天訂購，且持續訂購意願很強，通常會延續到使用者在網站上找到伴侶為止。同時，積極拓展「消費意願」不強但支付意願強大的企業客戶，吸引婚慶、珠寶等商家為消費者享受到的婚戀服務買單。

（四）典型利潤模式暨演變

簡單地說，利潤模式就是企業利潤來源的管道，再說得簡單點，就是收入來源的管道，企業的收入是如何產生的。最簡單的利潤模式來自製造業，它是產品的銷售價格減去成本以獲取利潤，顧客按銷售價格支付貨幣，企業獲得收入。複雜的利潤模式來自服務業，尤其是網路產品和服務，因為在服務業中，享受服務的顧客未必付錢。比如在入口網站中，我們上網看新聞，享受服務，但我們卻沒有付過錢。不過，入口網站能從網路廣告中獲得收入。

根據以上定義，在分析眾多企業案例的基礎上，我們總結出了以下七種利潤模式，在模式圖中，實線箭頭表示的是產品的流動方向，虛線箭頭表示的是資金的流動方向。

1. 傳統進銷差價型模式（如圖 3-2 所示）

特點：

（1）消費者和買單者是同一個人。

（2）獲利途徑：收入來源於消費者的購買支付；擴大利潤的手法是降低加工成本、提高銷售價格。

傳統模式在傳統製造業有形產品的銷售中非常普遍。而在服務產業和服務企業中，其應用受到一定限制。

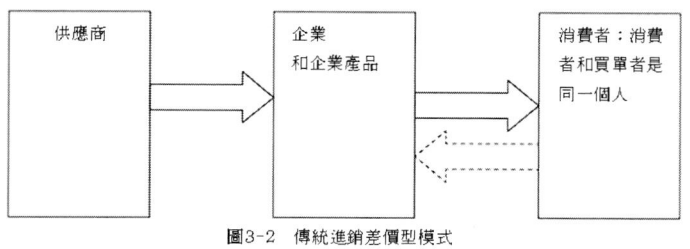

圖 3-2　傳統進銷差價型模式

2. 禮品型模式（如圖 3-3 所示）

特點：

（1）消費者和買單者不是同一個人，消費者零支付，買單者零消費；消費者在購買階段和企業產品並不直接產生關聯，而在消費階段產生關聯；買單者在購買階段和企業產品直接產生關聯，而在消費階段沒有關聯。

（2）獲利途徑：收入來源於買單者的購買支付，消費者本身支付意願不足，而買單者支付意願高；擴大利潤的手法是降低加工成本、提高銷售價格。

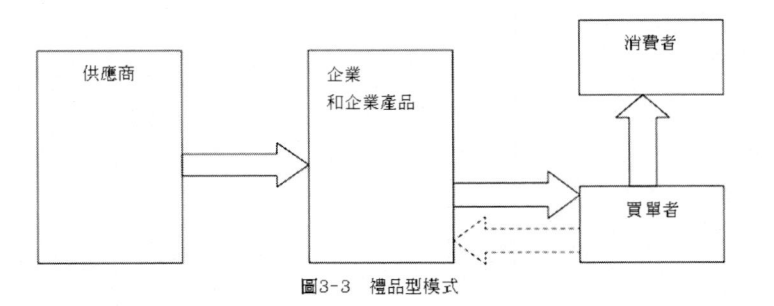

圖3-3 禮品型模式

3. 報紙型模式（如圖 3-4 所示）

特點：

（1）消費者和買單者不是同一個人，消費者無償或以很少的費用獲得產品和服務，買單者是產品和服務的實際支付者；買單者之所以願意替消費者結帳，是因為希望能夠藉此接觸到消費者，買單者會再次銷售其他產品給消費者，此時，消費者自身買單。

（2）消費者既是企業產品的目標顧客，也是買單者的目標顧客。當兩個企業的目標顧客是同一個族群時，這種利潤模式存在的基礎就有了。模式是否成型，取決於買單者為消費者支付的意願，其關鍵是企業產品是否能夠成為買單者針對同一消費者進行行銷活動時的其中一個環節。

（3）獲利途徑：擴展消費者規模，這樣才能提高買單者承受的價格；降低企業提供產品的成本。

（4）買單者可以不止一個，可以是多個；消費者族群中支付意願強的一部分，也可以成為買單者。

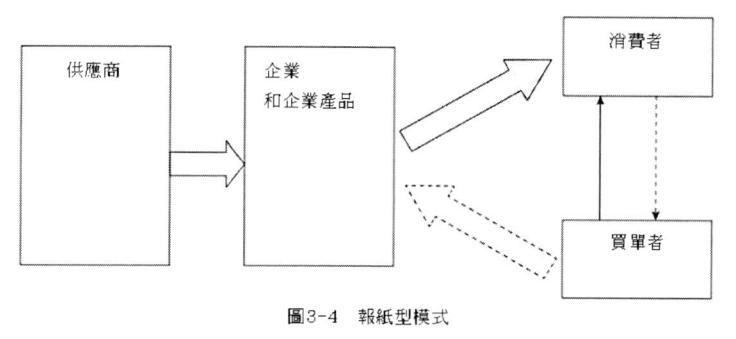

圖3-4　報紙型模式

報紙媒體的商業模式是以較低的價格把報紙出售給讀者，甚至是免費贈送給讀者，以此集聚大量讀者，再以大量的讀者（他們同時是企業的目標顧客）來吸引企業以打廣告的形式為消費者獲得的價格低廉的報紙資訊服務買單。

目前，電視行業有兩種典型商業模式。有線電視採納的是傳統進銷差價型商業模式，一方面從節目製作人那裡購買電視節目，一方面以有線電視費的形式從使用者那裡獲得收入。而無線電視採納的是報紙媒體型商業模式，電視臺製作和買進精彩節目，吸引更多觀眾，提高收視率，以此為基礎，吸引企業來打廣告，為消費者喜歡的電視節目買單。

入口網站（比如 Google、Yahoo、PChome 等）、影片播放網站（比如 YouTube、Vimeo、Netflix 等）也都是以此模式作為基礎的。網路廣告作為網路入口最穩健的利潤模式，已成為各大入口網站的重要營收來源之一。

眾多商業演出和商務活動透過尋找贊助的形式來獲得收

入，實現營利，本質上也是報紙媒體模式。

4. 超市型模式（如圖 3-5 所示）

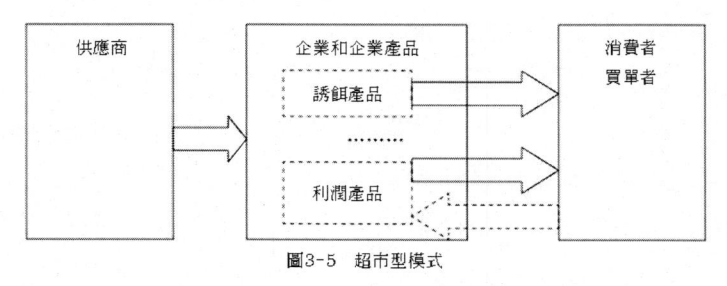

圖3-5　超市型模式

特點：

（1）消費者免費或低成本獲得一個產品，但要高成本獲得相關產品，這可以是互補品，也可以是其他消費者需要的產品。

（2）獲利途徑：其關鍵是讓誘餌產品吸引更多的消費者，讓消費者購買更多的利潤產品。

在超市的經營中，超市經常把一部分產品（比如雞蛋等）價格定得比較低，以吸引盡可能多的消費者光臨，透過引導顧客購買更高利潤產品（比如化妝品等）的模式來實現營利。

惠普公司以較低的價格出售影印機，以較高的價格出售影印機耗材的模式，也是典型的超市／互補品（complements）模式。當前，聯通公司等行動通訊公司低價出售手機，綁定顧客消費話費的模式，也是這種模式。

當然，惠普公司和聯通公司提供的產品具有互補性，但超市／互補品模式並不強調產品的互補性，強調的是不同產品目

標顧客的一致性。下面，來看看某大型旅遊網站的利潤模式，它結合了報紙型模式和超市型模式。

　　該網站的商業模式很簡單，它一方面發展龐大的會員卡使用者「圈地」，另一方面借助這個龐大的客群向飯店、航空公司等獲取更低的折扣，賺取佣金，反過來又用低折扣吸引更多的客群，形成一個良性循環。同時，以會員為核心，該網站不斷豐富自己的產品，目前，該網站的利潤來源主要有四塊：

　　（1）飯店預訂代理費，基本上是從目的地飯店的營利折扣返還中獲取的。

　　（2）機票預訂代理費，從顧客的訂票費中獲取的，等於顧客訂票費與航空公司出票價格的差價。

　　（3）自助遊中的飯店、機票預訂代理費以及保險代理費，其收入的途徑也是採用營利折扣返還和差價兩種方式。

　　（4）線上廣告。

5. 網遊進階型模式（如圖 3-6 所示）

圖3-6　網遊進階型模式

特點：

（1）消費者免費或低成本獲得一個低階產品，要想獲得高階

產品必須付出高成本。

（2）獲利途徑：利用低階產品鎖定顧客，激發顧客對高階產品的渴望。

智冠科技、遊戲橘子推出的線上遊戲產品是典型的案例，還有很多免費的線上遊戲也很流行。雖然對於玩家不收費，但是其中的特殊道具購買、晉級均可進行收費；其中的場景還可以賣給相關企業取得收入。

許多應用軟體供應商在推廣軟體時也會採納網遊進階型模式，即消費者可以免費獲得一個功能受限的試用版或簡易版軟體，但要想得到更完整的軟體功能，消費者必須花錢購買。

我們再來看看加盟連鎖經營中加盟總部的利潤模式。總部一般向加盟主收取下列費用：

①加盟費，是指總部將經營權授予加盟主時所收取的一次性費用；

②加盟權使用費，是指加盟主在使用經營權的過程中按一定的標準或比例向總部定期支付的費用；

③保證金，是指為確保加盟主履行加盟經營合約，總部向加盟主收取費用，合約到期後保證金應退還加盟主；

④採購費，是指加盟主從總部這裡採購產品、服務或原料而繳納的資金；

⑤其他費用。現在，越來越多的加盟連鎖經營體系向加盟主收取很少的加盟費，而從加盟權使用費中獲利。收取加盟費

的目的不是獲利，一是收回加盟總部的前期費用投入，二是作為一個約束或考驗，希望加盟主能夠認真對待加盟連鎖事業。

6. 沃爾瑪價值鏈整合模式（如圖 3-7 所示）

特點：

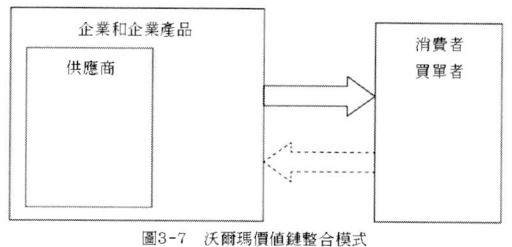

圖3-7　沃爾瑪價值鏈整合模式

（1）由賺產業鏈上一個環節的錢轉變為賺產業鏈上多個環節的錢，把產業鏈上的多個環節內化為企業自己的一個環節；把產業鏈上的多個利益主體，內化為一個利益主體。

（2）獲利途徑：優化產業鏈內部結構，降低產業內部損耗和成本，提高產業內部效率。

麥可·波特（Michael Porter）1985 年在其著作《競爭優勢》（Competitive Advantage）中首先提出了價值鏈（value chain）的概念，現在價值鏈的概念早已由企業擴展到了產業。沃爾瑪、家樂福、Costco 等連鎖賣場的成功，得益於它們把早先由批發商承擔的功能內化到了企業內部中來了，從而降低了物流成本，提高了產品周轉效率。沃爾瑪的核心是透過業務流程的優化，致力於內部成本的降低和內部效率的提高，從而實現營利。

7. 複合型模式

以上模式複合，可以延伸出更多複雜的利潤模式。比如現在入口網站的利潤模式，它們就已經是複合型模式了，一般的情況是：透過免費提供新聞資訊聚集顧客，繼而透過網路廣告來吸引企業投放廣告。憑藉入口的高流量和高人氣，推出免費線上遊戲，但在遊戲的升級中收費。

（五）利潤模式創新路徑

利潤模式的演變主要是利益相關者之間關係的演變，以及產品間關係的演變，形式上表現為企業收入來源方面的演變。利潤模式的創新主要是利益相關者之間關係的創新和產品間關係的創新。我們只要在產品間關係組合和利益相關者關係組合之間進行再組合，就會發現更多有效的利潤模式，這為利潤模式創新提供了更多可能。

商業模式，即利潤模式是對利益相關者之間的關係的安排，是對企業產品和服務之間的關係的安排，集中展現在企業產品去向、收入來源、收取方式，以及資源獲取方式和成本支出上。不同的利益相關者間關係安排、不同的產品間關係安排、不同的收取方式，就會產生不同的利潤模式。嘗試不同的關係組合，創新利潤模式，就可能會發現最合理和有利可圖的利潤模式。

本書中出於研究和表述方便的需要，並沒有把價格的支付形式和收取方式、企業資源的獲取方式等展現在上述利潤模式

中。讀者可以自己嘗試把支付形式融入上述利潤模式中以使利潤模式更完整。

（六）7Q 和利潤模式

在超市型模式中，低價或免費實際是完成 1/7Q。

電商平臺上第三方支付的擔保交易模式，實際做的是 4/7Q。

行動綱領／行動策略／行動準則

（一）匹克的策略

匹克（Peak）是中國運動品牌，起步並發展於福建晉江。1989 年第一雙匹克牌運動鞋上市，2013 年營業額為 26.13 億元（約新臺幣 113 億元）。晉江是中國著名的體育用品生產基地，憑藉替 NIKE 和愛迪達等國際品牌代工而逐漸發展壯大。晉江代工廠在逐漸培養出完整的產業鏈後開始開創自有品牌，出現了後來的匹克，還有安踏、特步、361 度等眾多品牌。

匹克 CEO 許志華曾表示，在科技含量上，匹克和大牌體育運動品牌已經沒有什麼區別，匹克簽約的 NBA 球星也都是穿匹克的運動鞋上場。匹克和 NIKE、愛迪達等外國品牌的差距仍然在於品牌。

這差距既是品牌運作水準差距造成的，也是企業實力、歷史累積的結果。這種差距的縮小，既有賴於不斷提高品牌運作

水準，同時，在品牌建設的過程中還不能和外國品牌進行直接的硬碰硬的對抗，畢竟它們今天既有強大的品牌忠誠度，又有強大的後續品牌對抗資源保證。所以，品牌差距的縮小不是一朝一夕的事情，需要制定切實可行的行動綱領和路線。

在廣告方面，匹克每年都在知名電視平臺投放廣告；在贊助體育賽事方面，跟 CBA、NBA 及球隊都展開過全面合作；在明星代言方面，目前已經有眾多 NBA 籃球明星代言其產品。

鑑於 NIKE 和愛迪達因其品牌優勢盤踞一線城市等主要市場，匹克只能先集中精力把二三線城市拿下，然後再集中優勢兵力逐個主攻一線城市。匹克目前已有部分優勢產品在一線城市與國際品牌展開競爭。

（二）什麼是行動綱領

綱領，即總綱、要領。綱，漁網上有一條粗繩子，收網時，漁民拉住繩子把網慢慢收攏，這條繩子就是「綱」。領，指衣服的領子。抓住綱和領子，網和衣服就掌握住了。行動綱領，即行動策略、最高行動準則，通常在政府、政黨文件裡出現。行動綱領，一般指政府、政黨、社團根據自己在一定時期內的任務而規定的奮鬥目標和行動步驟。行動綱領的特點是：堅持不動搖，不折不扣地貫徹執行。

借鑑行動綱領在政黨領域內的使用，我們說品牌的行動綱領，就是指企業根據自己在一定時期內的品牌任務而規定的奮鬥目標和行動步驟，既作出了全局性的安排，又定義了關鍵行

動和關鍵節點。其特點是：

（1）堅持不動搖，不折不扣地貫徹執行。

（2）不僅要有最高綱領、最高目的，還要有最低綱領、最近目的。

（3）最高綱領、最高目的是始終不變的，最低綱領、最近目的則要根據品牌建設的不同發展階段的客觀實際情況而作出相應規定。

（4）對關鍵行動作出了定義。

第四章
7Q 品牌行銷系統與行銷工具組合

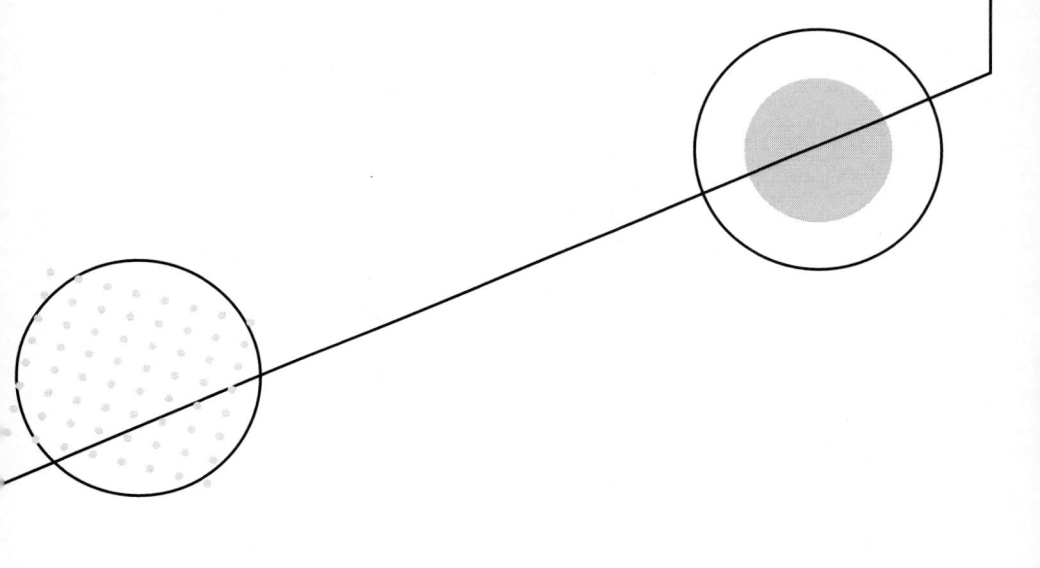

7Q 品牌行銷系統（7Q 品牌暢銷系統）

一個企業的品牌行銷系統或銷售系統只有在能全方位回答顧客最關心的 7Q 情況下，才能說服顧客選擇和購買它的品牌和產品，才是一個合格的、有效的品牌行銷系統或銷售系統。

所謂的 7Q 品牌行銷系統即 7Q 品牌暢銷系統，指的是能全方位回答顧客 7Q 問題的行銷系統（如圖 4-1 所示），即能夠有效回答顧客最關心的七個問題（即 7Q）的行銷系統，它是暢銷單品和品牌的關鍵和祕密！

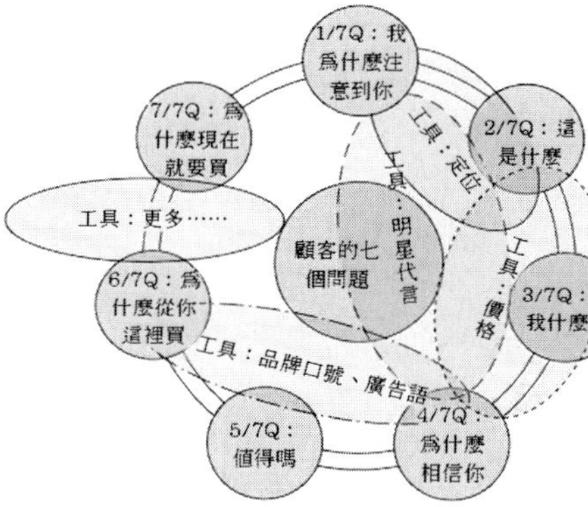

圖4-1 7Q品牌行銷系統示意圖

在 7Q 品牌行銷系統中，既要注意行銷工具和手法，更要注意這些行銷手段和工具組合在一起後，是否全方位地回答了顧客的 7Q。

一個企業可用和正在用的行銷手法、工具很多，大的層面比方說產品、價格、通路、廣告、促銷、公關、人員銷售，小

的層面比方說網路、品牌 Logo、品牌名稱、標語、宣傳片、平面廣告、業配文、畫冊、網站、名片、包裝、FB、LINE、SEM（Search Engine Marketing，搜尋引擎行銷）等。但是，行銷手法和工具所具有的行銷功效是一回事，能否組合起來發揮說服顧客的威力則是另一回事。

　　凡是暢銷的單品和品牌必定在自己的行銷系統中（標語、包裝、話術、網站、宣傳片、通路、價格……）回答了顧客心中存在的 7Q 問題。企業家在作出行銷決策以建構有效的行銷系統時，可以使用很多的行銷工具以有效回答顧客的七個問題。有時一種行銷工具只能回答顧客一個問題，有時一種行銷工具可以同時回答顧客兩個或更多的問題；同樣，任何一個 7Q 問題也可以透過不同的行銷工具來回答。不管使用什麼樣的行銷工具組合，最終它們必須能有效連接在一起，並全方位地回答顧客的七個問題。無論企業的行銷工具組合忽略了顧客的哪個問題，都會使顧客的決策鏈暫時中斷，從而使企業的產品無法被顧客認同、選擇和購買。結合企業自身實際情況，企業必須明白自己有哪些勢可以借，自己手中有哪些行銷工具可以利用，可以用這些工具解決哪些問題，這些行銷工具是否能全方位地回答顧客的七個問題，這些工具如何組合才能最有效地回答顧客的七個問題。當企業的行銷工具組合能系統地、全方位地回答顧客的 7Q 問題時，就可以說這個行銷工具組合是一個 7Q 品牌暢銷系統。

用 7Q 品牌行銷系統提升競爭力

（一）行銷不是考驗顧客的智商，不是讓顧客爬樓梯

行銷創意人員經常為自己苦思冥想而獲得的有深度、有內涵、有品味、有戲劇性的創意興奮不已，但是，如果不把它放到 7Q 中去思考，放到顧客的實際溝通和購買場景中去審視，就會落入「考驗顧客智商」的陷阱。如果一個廣告大家看不懂，它是好廣告嗎？行銷不是考驗顧客的智商，而是考驗企業的智商，是看企業能否把複雜的資訊用簡單、直接的形式傳給顧客。如果顧客遲遲無法在你的行銷活動中得到 7Q 的答案，那你就是在考驗顧客的智商。

我們也經常打這樣一個比喻。除了特別為了健身外，人人都喜歡坐電梯，而不願爬樓梯，因為爬樓梯又累又慢，而坐電梯又舒服、又快捷。顧客購買過程就好比一個上樓的過程。如果你的廣告以及其他行銷活動無法讓顧客輕易得到 7Q 答案，就好比在讓顧客爬樓梯。顧客會覺得很累，會逐漸變得煩躁，這時顧客可能會放棄上樓，或轉而去坐電梯。放棄上樓，就好比顧客放棄了購買；去坐電梯，就好比顧客轉向了競爭對手。7Q 品牌行銷系統就是為顧客製作電梯，讓顧客坐電梯，而不要讓顧客爬樓梯！

（二）7Q 行銷就是要積極影響顧客

顧客的 7Q 問題是顧客在購買過程中必然要面對和回答的問

題。這些問題的答案來自顧客主動尋找答案的行為以及企業的行銷活動，如圖 4-2 所示。一位想購買汽車的顧客會到專業的汽車網站了解各品牌汽車資訊，並在詢問老駕駛員的基礎上建立起自己的購買評價標準。企業的行銷活動必然會影響到顧客的答案。以安全著稱的企業如果在報紙、網站、電視等媒體有計畫地投放廣告和公關，曝光各種安全事故和這對駕駛人員以及親人、他人造成的傷害，那麼這種行銷活動很可能收到的結果是：顧客逐漸把安全作為購車的第一考慮因素，把節油性能、舒適性、動力性能放到相對次要的位置。

　　有計畫的行銷活動的首要目的和作用就是積極幫助和影響顧客尋找問題的答案，而這種答案恰恰是有利於自己產品的。如果一個企業不去積極影響顧客，而是被動等待顧客自己去尋找答案，那麼這個企業就不是以行銷為導向的企業，如圖 4-3 所示；如果一個企業的行銷活動沒有影響到顧客尋找問題答案的行為，既沒有讓顧客得出完整答案，也沒有得出利於企業自身的正面答案，那麼，這個企業的行銷活動就是低效率、無效率的，甚至帶來負面的效果，如圖 4-4 所示。因此，7Q 行銷的核心就是行銷人員透過行銷活動積極引導顧客找到有利於企業和產品的 7Q 問題的完整答案。

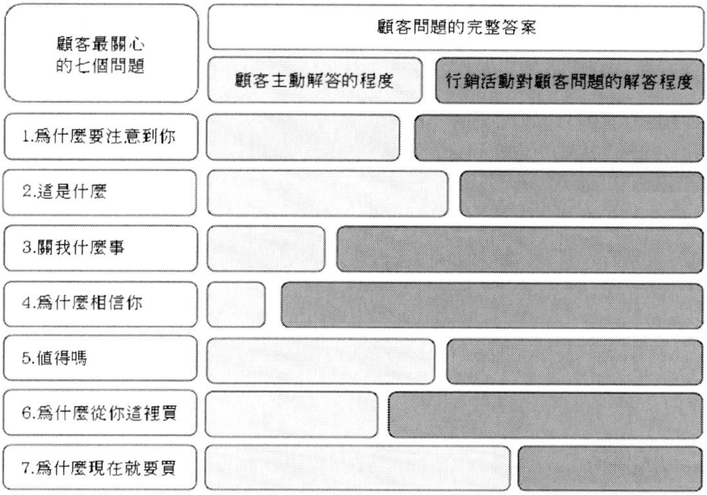

圖4-2 顧客最關心的七個問題的共同解答

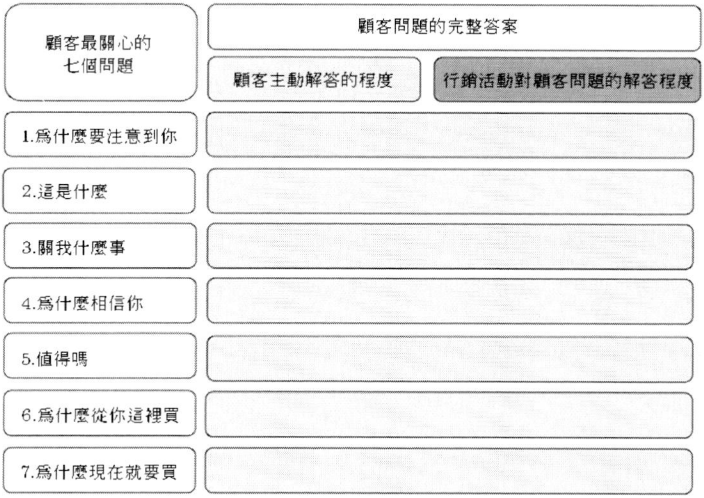

圖4-3 顧客的答案全部來自自己

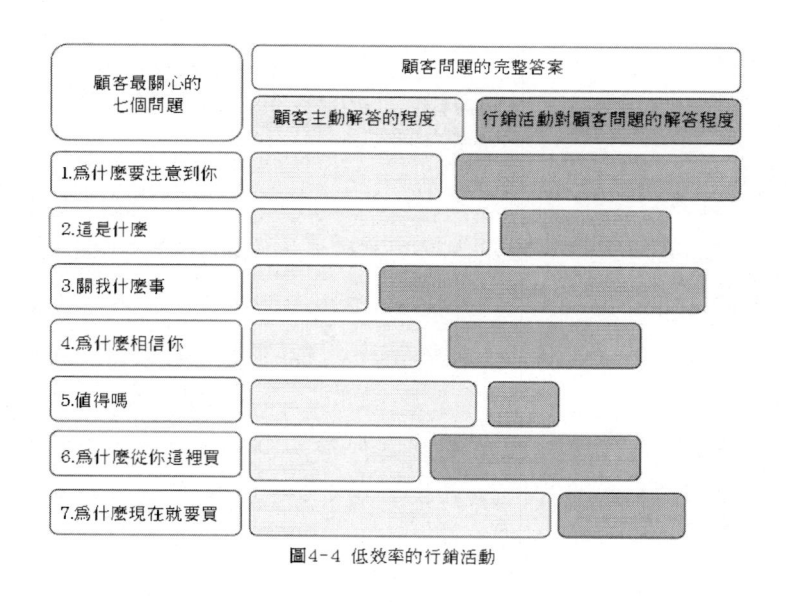

圖4-4 低效率的行銷活動

（三）7Q 行銷就是要比競爭對手在 7Q 上做得更好

在現代激烈的市場競爭中，以顧客為中心固然是致勝的基礎，但比競爭對手做得更好，才是獲勝的關鍵。這個世界沒有完美的產品，也沒有完美的 7Q 品牌行銷系統。顧客所追求的也不是完美的產品，而是所有備選項中較好的那一個。所以，只要你的 7Q 行銷比競爭對手在某個、某幾個或各個 7Q 上做得更好，你在競爭中就已經占據了領先地位。

（四）行銷要圍繞 7Q 有系統、分層次地展開

一個企業行銷策略要考慮的問題有：①我們的顧客是誰？誰最需要我們的產品？②為了讓顧客更願意購買，顧客需要知

道什麼？我們想要顧客知道什麼？③如何讓顧客知道？

　　顧客獲知企業和產品資訊的媒介大體分為四類：①銷售人員；②廣告、公關；③親朋好友；④媒體公益報導。對這四種資訊傳播媒介的討論不是本書的重點，7Q 行銷的核心首先應著重於向顧客傳遞哪些資訊，其次才是如何向顧客傳遞這些資訊。

　　企業有各式各樣的行銷活動和工具。這些行銷活動和工具都必須圍繞 7Q 展開，都要擊中顧客要害，快速推動顧客購買流程。

　　（1）我為什麼要聽你講（為什麼要注意到你）？這個問題涉及的主要行銷活動有廣告、公關、銷售人員、產品陳列、通路策略、定位、市場細分與目標顧客選擇等，主要是顧客注意力管理和企業與顧客的接觸介面管理。顧客是透過這些行銷活動開始注意到企業和產品，並引發深入了解產品和企業的興趣的。所以這些接觸介面的行銷活動必須能夠迅速引起顧客的注意，必須讓顧客感受到進一步了解產品為他帶來的好處，才有機會進入下一步的行銷活動。

　　在門市人員銷售中，導購人員的促銷語言是很關鍵的。導購人員說「先生（小姐），告訴您一個好消息」，這會引起顧客的興趣。廣告和公關的第一要務是吸引顧客的注意力，其次才是告知顧客產品的資訊，並讓顧客記住，最後才是讓顧客獲得美的享受。否則，廣告和公關一定是失敗的，最大的失敗是顧客說廣告好，有美感，但是不購買企業的產品和服務。同樣，

最「合理」的成功廣告是，儘管顧客說廣告不好，卻都去購買企業的產品和服務。

最後，談婚論嫁的人會去注意戒指的資訊，而兒童不會去首飾店，他們要去的是兒童遊樂園，已經有手機的人會毫不客氣地把塞到手裡的手機宣傳單丟掉，想要買手機的人會主動去索要宣傳資料，所以，選準我們的目標顧客才是回答「我為什麼要注意到你」這個問題的第一關鍵。

（2）這是什麼？這個問題涉及的主要行銷活動有顧客需求分析、產品和服務設計、產品與市場定位，然後，透過上述四種資訊傳播媒介向顧客傳遞這些資訊。對於重視油耗的顧客，我們研發節油性能優良的汽車，並向顧客宣傳汽車的燃油經濟性；對於重視安全的顧客，我們研發安全性能優良的汽車，並向顧客宣傳汽車的安全性能。

（3）關我什麼事？這個問題涉及的主要行銷活動同樣有顧客需求分析、產品和服務設計、產品與市場定位，然後，透過上述四種資訊傳播媒介向顧客傳遞這些資訊。這裡的關鍵是要求我們在掌握顧客需求的同時，研發並推出適銷對路的產品，能夠把產品如何為顧客帶來好處說得很明白。

顧客永遠不會關心你的產品是什麼，也不關心你的產品是如何的好，他所關心的只有產品能夠為他帶來的利益和好處。戀愛中的男士不會關心戒指到底是由什麼製作的，他只關心他的心上人是否會接受他的求婚，明白他的這份情意；買商務車

的顧客不會關心汽車是否動力強勁，他首先關心的是在商場上是否有面子。

　　同時，我們還要幫助顧客樹立正確的購買評價標準。如果我們產品的最大特點和定位是車輛的燃油經濟性，我們就應該幫助顧客意識到燃油經濟性是購買汽車的首要考慮因素；如果我們車輛的最大賣點和定位是安全，我們就應該幫助顧客意識到安全性是購買汽車的首要考慮因素。

　　（4）為什麼相信你？這個問題涉及的主要行銷活動有品牌策略、顧客關係管理和售後服務。堅持品牌策略會樹立起顧客對企業和產品的長期信任，當然這種信任是由眾多小的行銷要素點支撐和累積起來的。狂轟濫炸的廣告只能提升產品的知名度，只有優質的產品和服務才是品牌的核心。現在自說自話的虛假廣告氾濫，顧客經常受騙，對一切充滿懷疑。所以，我們要提供足夠的證據向顧客證明我們向顧客承諾的都是能夠兌現的，而不是唬弄顧客、矇騙顧客。比如，我們說汽車百公里耗油 6 升，我們就必須誠懇地拿出證據來，而不是打馬虎眼。如果顧客追問，我們拿不出證明來，那就只能失去顧客了。

　　（5）值得嗎？這個問題涉及的主要行銷活動有定價、競爭對手分析。再好的產品都需要付出金錢，我們必須向顧客說明顧客得到的遠遠超過他所付出的金錢。而且，還要向顧客說明，與競爭對手的產品比起來，我們的產品是最超值的選擇；與需要解決的問題比起來，也是值得的。

（6）為什麼要在你這裡買？這個問題涉及的主要行銷活動有通路建設和中間商管理、產品增值服務計畫。貼近顧客的通路建設會減少顧客的尋找成本，最先進入顧客的眼簾，成為顧客的首選。眾多品牌的冷氣品質和性能大同小異，顧客為什麼要選擇固定牌子，而不是其他品牌呢？這是因為它們透過服務把產品增值了。因此，顧客選擇你，而不選擇競爭對手，要麼是你的通路貼近顧客，要麼是你讓產品增值了。同樣的汽車，顧客可以在不同的展示中心買，這是顧客的自由。要贏得顧客青睞，除了展示中心的選址要貼近顧客外，展示中心必須比競爭對手為顧客提供更多的附加價值，實行產品增值服務計畫。

（7）為什麼非要現在買呢？這個問題涉及的主要行銷活動有行銷時機選擇、人員銷售、店家促銷活動等，重點是在店家。現在買，要麼價格在打折，有贈品贈送活動；要麼是行銷的時機恰好是顧客需求最旺盛和迫切的時候。

（五）用 7Q 審視企業行銷活動並系統改進

企業負責人和行銷總監要經常性地建立行銷團隊，系統審視顧客最關心的七個問題是否都有了答案，企業各層次的行銷活動有沒有影響到顧客的 7Q 答案，是如何影響顧客的 7Q 答案的，是否比競爭對手更好並藉以發現行銷活動的空白點和薄弱點，實現行銷改進。

如果企業的某項行銷活動無法影響到顧客最關心的七個問題，那麼說明企業的這項行銷活動是無效的，應當檢討或取

消。如果企業在各層次的行銷活動無法全方位地影響到顧客最
關心的七個問題，那麼說明企業的行銷是不充分的，有空白的
領域，企業應當加強這些空白領域的行銷活動。如果企業無法
有效影響顧客得出有利於企業和產品的答案，那麼企業就應該
改進這個領域的行銷活動，以期顧客得出有利於企業和產品
的答案。

（六）你的行銷活動是否系統回答了顧客最關心的七個問題

現在，請用表 4-1 把你公司產品 7Q 的答案寫下來，為自己
打個分。看完這本書後，再看看是否有更好、更系統的答案？

表 4-1　企業行銷活動自查與改進表

序號	7Q	發現 7Q 的回答		讀完這本書後的 7Q 答案	
		答案	評分	答案	評分
1	我為什麼要注意到你				
2	這是什麼				
3	關我什麼事				
4	我為什麼要相信你				
5	值得嗎				
6	我為什麼要在你這裡買				
7	我為什麼現在就要買				
		得分		得分	

高效的 7Q 品牌行銷系統的三個標準和極致的 7Q 品牌行銷系統

（一）高效的 7Q 品牌行銷系統的三個標準

1. 全方位

系統內的行銷活動和工具必須能夠全方位地回答顧客的 7Q。

2. 用最少的活動全方位涵蓋

一個有效的優秀品牌行銷系統應該是用「少」來實現「多」，用最少的行銷活動和要素來涵蓋盡可能多的顧客最關心的問題。因為，這通常意味著：它更易於被顧客理解，更易於被員工執行，更易於被傳播，更代表著資源上的低投入和高產出。

3. 成本低、易執行

成本低，節省企業的資源投入；易執行，才能保證系統變成不打折扣的結果。

（二）極致的 7Q 品牌行銷系統

極致的 7Q 品牌行銷系統是：在空中，一句標語可以解決 7Q；在地面，銷售人員七句話術解決 7Q 並成交每一個客戶。即：一語贏天下，七句保成交！

極致的 7Q 品牌行銷系統一定是建立在對品牌定位、品牌名稱、符號、標語的精心設計之上。對此的理解，我們會在後面

進一步論述。

品牌行銷工具與 7Q

（一）7Q 行銷工具對應簡表

如前所述，一個企業可用的和在用的行銷手法、工具、策略很多，大的層面有產品、價格、通路、廣告、促銷、公關、人員銷售，小的層面有網路、品牌 Logo、品牌名稱、標語、廣告片、平面廣告、業配文、畫冊、官方網站、名片、包裝、FB、LINE、SEM 等。下面，我們看一下這些行銷活動、工具和策略形式各自在回答哪些 7Q 問題上會發揮比較好的作用，如表 4-2 所示。記住一點：這些行銷「工具」包括載體、形式、內容、策略等中的一個或多個角度，比如定位是策略，標語是內容和形式，網路是載體，視覺錘（visual hammer）是形式等。

表 4-2 7Q 和行銷工具對應簡表

序號	7Q	行銷活動和工具	
1	我為什麼要注意到你	廣告、公關、人員銷售、包裝與產品陳列、通路據點建設、目標市場鎖定、定位、視覺錘	SWOT 分析、市場調答語情報（競爭對手、消費者）、四種資訊傳播途徑（廣告、公關；人員銷售；口碑傳播、親友介紹；媒體公益報導）
2	這是什麼	顧客需求分析、產品和服務設計、產品定義、產品刻劃和創意	
3	關我什麼	顧客需求和利益點分析、FAB、標準建立與價值觀輸出	
4	我為什麼要相信你	品牌策略、證明、背書、顧客關係管理和售後服務、顧客風險管理	
5	值得嗎	定價、價值塑造、價格表現、盈利模式設計、降價及價格變動與表現、創造附加值、差異化、顧客可得價值	
6	我為什麼要在你這裡買	競爭者行為分析、通路建設和中間商自我價值塑造、產品增值服務計畫、創造附加值、差異化	
7	我為什麼現在就要買	SPIN、上市時機選擇、境況性購買、節日消費、應季、衝動性購買、限時、限量、限款、門市促銷活動	

　　大家在面對這張表的時候心裡一定要明白，一個 7Q 問題可以由不同的行銷工具來回答，同時，一個行銷工具也可以回答不同的 7Q 問題。比如說 4/7Q，可用證明的方式回答，也可以透過背書的方式回答。又比如說定位，定位在不同的表現形式

下可以回答不同的 7Q，這在後面的章節裡會介紹。

（二）1/7Q：我為什麼要注意到你——空中和地面對注意力的爭奪戰

可口可樂前老闆伍卓夫（Woodruff）曾經說過一句話：「可口可樂如果不打廣告，誰會去喝它？」所以，品牌之爭從爭奪注意力開始！

對消費者注意力的爭奪是成功行銷的第一步，貫穿於顧客購買的全過程，既存在於顧客到達銷售終端之前，也存在於顧客到達銷售終端之後。對顧客注意力的爭奪，首先要的是知名度，而不是美譽度。美譽度是在知名度上的昇華。

爭奪注意力的戰場有兩個（如表 4-3 所示）：顧客到達購買場所前的空中戰場和顧客到達購買場所後的地面戰場。顧客購買場所指的是顧客付款交易的場所，並不單指線下實體購買場所（比如超市、購物中心、專賣店、超商等），還包括線上購物平臺（比如蝦皮、PChome、momo、露天、博客來、樂天市場等）。

表 4-3 1/7Q 與行銷工具

7Q	行銷工具和支撐策略
我為什麼要注意到你	1. 到店前溝通：電視廣告、網路廣告、看板廣告、報紙廣告、期刊廣告、DM 廣告、基於網路的公關事件、基於傳統媒體的公關事件、整合傳播的公關事件、明星代言（明星代言兼有 1/7Q 和 4/7Q 的作用）、老客戶策略 2. 到店後溝通： (1) 線下終端。據點數量建設和品質優化、門市導購、產品包裝、產品陳列、門市 POP、門市促銷（路演、特價、買贈、試用等） (2) 線上終端。分為 PC 端和手機行動端。購物平台站內搜尋引擎優化（比如蝦皮、PChome、momo）、通用搜尋引擎優化（與站內搜尋對應，也被稱為站外搜尋引擎優化，包括 Google、Yahoo 等）、論壇、問答（比如 Reddit、Quora 等） 3. 支撐策略：目標顧客的選擇、競爭激烈程度和競爭策略、定位

　　所以，我們把空中戰場的行銷活動統稱為顧客到店前溝通，把地面戰場的行銷活動統稱為顧客到店後溝通。

　　顧客到店前溝通包含的行銷工具和形式有：電視廣告、網路廣告、看板廣告、報紙廣告、期刊廣告、DM 廣告（direct mail 或 direct media）、基於網路的公關事件、基於傳統媒體的公關事件、整合傳播的公關事件、明星代言（明星代言兼有 1/7Q 和 4/7Q 的作用）、老客戶策略等。

　　顧客到店後溝通包含的行銷工具和形式有：

①線下終端。據點數量建設和品質優化、門市導購、產品包裝、產品陳列、門市 POP（point of purchase advertising）、門市促銷（路演、特價、買贈、試用等）。

②線上終端，分為 PC 端和手機行動端。購物平臺站內搜尋引擎優化（比如蝦皮、PChome、momo）、通用搜尋引擎優化（與站內搜尋對應，也被稱為站外搜尋引擎優化，包括 Google、Yahoo、DuckDuckGo、Ask 等）、論壇、問答（比如 Mobile01、Reddit、Quora 等）。

在爭奪注意力的戰鬥中，行銷工具的效果是由這些工具的具體表現形式和內容共同決定的。

除了這些行銷工具外，還有一些策略在爭奪注意力的鬥爭中發揮著重要作用，比如目標顧客的選擇、競爭激烈程度和競爭策略、定位等。

（三）2/7Q：這是什麼——產品力、產品定義和產品刻劃

產品和服務的研發和設計是一切品牌行銷的基礎，因此，我們要從策略高度來重視產品和服務的研發與設計（如表 4-4 所示）。無論是有形產品還是無形服務，本質上都是服務，是顧客解決方案的全部或一部分。就區別而言，有形產品是可分銷的服務，純粹的無形服務是產銷不可分離的而已。有些牌子的手機一直給人價格低廉、硬體出眾，但客戶體驗糟糕的印象。不斷標榜自己的 CPU 是 4 核、6 核，甚至是 8 核的；不斷標榜自己的手機像素是 500 萬、800 萬，甚至是 1,000 萬的；不斷

標榜用二分之一、三分之一，甚至四分之一的價格就可以買到和「iPhone」一樣的手機。但是，客戶購買手機購買的是客戶體驗，要的是客戶問題的解決方案，而不是手機硬體本身。結果是軟體設計低劣，客戶體驗糟糕：A 牌 8 核解決不了的客戶需求，B 牌 4 核解決了；A 牌 1,000 萬的像素反而不如 B 牌 800 萬像素的照片品質高。有些品牌受消費者喜愛不是因為硬體比較強，而是「硬體＋軟體」的客戶體驗、客戶解決方案比其他牌強！基於顧客需求分析和顧客整體解決方案進行產品和服務設計，企業就會擁有強大的產品力。

表 4-4　2/7Q 與行銷工具

7Q	行銷工具和支撐策略
這是什麼	1. 基於顧客需求分析和整體解決方案的產品和服務設計 2. 產品定義 3. 產品刻劃和創意表現

　　產品定義指的是你從哪個角度來詮釋你的產品，為它貼上什麼樣的標籤。一個產品從不同的角度看，就有不同的定義，為它貼上不同的標籤，它就有不同的身分。比如一種用碳酸水糖漿、白砂糖、焦糖色、碳酸、香料調配的液體應該叫什麼呢？可以是一種治療頭痛和疲勞的藥水，可以是一種解渴的名叫可口可樂的飲料，可以是分享快樂的媒介，也可以是烹製可樂雞的佐料。再比如一把刀，你可以把它定義成水果刀，可以定義成切菜刀，也可以定義成鉛筆刀，人們怎麼認知一把刀，

取決於你是如何定義它的。產品定義和品牌定位密切相關。

　　產品刻劃和創意表現是指用最簡潔的形式和戲劇化的方法把產品的特性展現出來，力求在最短的時間裡讓顧客留下深刻的印象。具體刻劃和表現產品的形式有故事、案例、標語、聲音、圖片、影視多媒體、活動事件、產品實體展示、實驗等，手法有對比、幽默、出人意料、製造懸念等。

　　例如創立於西元 1854 年的著名奢侈品牌的 Louis Vuitton（路易威登）就用一個故事塑造了自己品質高貴、不可置疑的形象。1911 年，英國豪華郵輪鐵達尼號在橫渡大西洋的時候，遇到冰山，沉沒海底。除了葬身海底的不幸乘客與船員之外，還有大量的金銀珠寶也隨之沉入海底。後來，人們從海底打撈上一個 LV 硬型皮箱。打開皮箱之後，發現裡面有著各式各樣的金銀珠寶，但令人感到奇怪的是，有一樣東西竟然沒被發現。這樣東西是什麼呢？就是在這個葬身海底的皮箱裡竟然沒有發現一滴水！這就是產品的刻劃和創意表現！

（四）3/7Q：關我什麼事——顧客利益表述

　　3/7Q 的行銷如表 4-5 所示。顧客從來不關心產品，關心的是產品和服務給自己帶來的改變。正如杜拉克所言，顧客要的不是鑽頭，而是牆上的那個孔。因此，回答顧客「關我什麼事」的提問，關鍵是要在深刻理解和掌握顧客需求的基礎上，洞察產品能提供的各種利益點，在產品的利益和顧客的需求之間進行有效的連結，然後，用合適的 FAB 表述形式把產品能夠帶給

顧客的利益向顧客說清楚，這樣才能打動顧客的心。

表 4-5　3/7Q 與行銷工具

7Q	行銷工具和支撐策略
關我什麼	1. 顧客需求和利益點分析 2.SPIN 激發需求 3. 購買標準建立與價值觀輸出 4.FAB 表達

　　企業首先要清楚地在顧客需求和利益層面上回答這樣一個問題：企業賣的到底是什麼。產品和服務都是載體，只有利益才能讓顧客動心！而產品所承載的利益才是我們真正要販賣的東西。同樣的產品可以有不同的價值，即使是同樣的產品在面對同樣的顧客時，也可以有不同的價值，這取決於你販賣的是產品的哪一個利益點，解決顧客的哪一個問題。

　　一杯咖啡，可以標價 45 元，也可以標價 170 元、800 元、3,000 元。忽略咖啡間的細微差別，一杯咖啡的價格為什麼相差這麼大呢？這是因為它解決的顧客問題不同，帶給顧客的利益點不同所致。45 元的咖啡解決的是顧客口渴和提神的問題，170 元的咖啡為顧客提供的是一個和朋友聊天談事的空間，800 元表現的是你對客人的尊重和重視以及你的生活品味，而 3,000 元表現的是你對愛人的深情。可見，同樣的產品在不同的顧客問題解決方案裡，其利益點是有天壤之別的。輕柔的音樂聲中，飄來陣陣的咖啡香味，阿拉伯風味的摩卡（Mocha）或是義大利風味的卡布其諾（Cappuccino）。顧客喝著一杯杯香醇的爪

哇咖啡，或沉思、或看書、或談天……這就是星巴克咖啡店的寫照，地點可能是紐約或維也納，也可能是淡水、墾丁或者澎湖。那麼，星巴克販賣的又是什麼呢？

FAB 是 Feature（特點）、Advantage（優勢）、Benefit（利益或好處）三個英文單字的首字母。FAB 表述指的是行銷人員在運用各種媒介和形式傳播產品價值和利益時，要遵循特性、優點、利益這樣一個順序原則，並且利益比優點重要，優點比特性重要。與其說特性不如說優點，與其說優點不如說利益。

1. 特性 F

特性是指有關產品和服務的客觀事實，它不會因評判者的改變而變化。比如，這個手機的外殼是由合金材料製成的。

2. 優勢 A

優勢來源於比較，要麼與過去比，要麼與競爭產品比。潛臺詞和標誌性詞語是「與……相比……」。其結論會因比較物的不同而不同。比如，與其他材質的手機相比，這款手機更耐磨、抗摔。

3. 顧客利益 B

顧客利益是指產品帶給顧客的好處。潛臺詞和標誌性詞語是：「你如果擁有了……，你就會……」所有利益的描述最終要反映到顧客的視覺、聽覺、觸覺、嗅覺、味覺等感官感受和心理感受上來，並且要產生震撼性效果。

現今，許多企業在運用各種媒介和形式宣傳和推廣產品

時，犯的一個錯誤就是宣傳產品的特性和優勢太多，刻劃產品的利益太少，重視對特性的宣傳，忽視對利益的描述。

將特性 F 轉換成利益 B，其具體步驟如下：

(1) 識別顧客的需求；

(2) 介紹產品的特性；

(3) 介紹產品的優點；

(4) 介紹產品的利益，並說明產品是如何滿足顧客需求的。

以去屑洗髮精為例，舉例如下：

(1) 需求：顧客的頭皮屑特別多，在開會或用餐時常常無意間搔抓，而致使頭皮屑四處墜落，造成尷尬的場面。

(2) 特性：洗髮精含有強力去屑成分 ZTP 和活力鋅。

(3) 優點：與其他洗髮精比起來，活力鋅和 ZPT 顆粒的大小和形狀都進行了優化，使其對頭皮的涵蓋面積達到最大，並減少了活力鋅在洗頭的過程中被水沖掉的可能性，從而優化了對頭皮的涵蓋面積，提高了對 ZPT 的利用度。去屑能力更強，效果更持久。

(4) 利益：如果你擁有了這款洗髮精，不但能清除汙垢、滋潤頭髮，還能將頭皮屑澈底洗淨，那麼，您在任何場合中都不會再為頭皮屑問題而煩惱了，當然會充滿自信，更受歡迎！

行銷人員在利用 FAB 模式時，不一定要全部透過文字來表達，可以是各種表達方式的結合或各種媒介的結合。比如，用聲音和文字來表達特性和優勢，用圖片和影像來表達利益；用

一個廣告述說特性和優勢，用一個公關事件和話題述說利益；用電視宣傳特性和優勢，用網路傳達利益等。

雖然，FAB 的順序比較常見，但是，有時 BAF 的順序效果更為出眾。BAF，即先講利益，首先用利益點吸引顧客，然後再講優勢和特性，用優勢和特性向顧客證明產品確實可以提供他所關心的利益，滿足其需求。

（五）4/7Q：我為什麼要相信你——信任是品牌的基石

4/7Q 的行銷工具如表 4-6 所示。顧客在作出購買決策的時候，會面臨各式各樣的風險，風險使顧客產生懷疑，懷疑產生不信任。因此，信任是橫亙在顧客和產品之間的一個巨大障礙，為了解決「我為什麼要相信你」這個問題，需要行銷人員向顧客提供證明。

表 4-6　4/7Q 與行銷工具

7Q	行銷工具和支撐策略
我為什麼要相信你	1. 打造品牌 2. 證明 3. 背書

品牌意味著信任，信任是品牌的基石。所以，品牌是最為長遠和持久的策略。

證明是企業為產品提供的直接的、可信賴的線索，主要方式有：

（1）第三方證明，比如獎狀證書、檢測報告、保險公司

承保等。

(2) 產品的公開實驗和展示公關。

(3) 先試後買、先取貨後付款、退換貨保證、售後服務保證。

(4) 塑造創始人和團隊可信賴的形象。比如賈伯斯和iPhone。

(5) 強調產品規模和產銷量。

(6) 強調產地。比如現在許多奶粉品牌強調自己的奶源是進口奶源，百分百紐西蘭進口等。

(7) 強調權威研究和理論依據等。比如強調是由博士、諾貝爾獎獲得者等研發。

(8) 強調成立的時間早，歷史悠久等。比如 Since 1907，成立於 1907 年等。

(9) 強調自己的生產設備、生產體系和生產技術的先進性等。比如強調進口設備、世界領先技術、通過 ISO（International Organization for Standardization，國際標準化組織）體系等。

(10) 強調消費者滿意率、老顧客好評等。比如蝦皮的顧客評價留言。

(11) 其他。企業只要真心為顧客負責，細心發現自己的優勢，就會找到更多贏得顧客信任的線索和元素。

背書是指嫁接顧客對第三方的信任，以快速建立顧客對企

業的信任。

主要方式有：

（1）明星背書。比如 Selina 代言媚點。

（2）賽事背書。贊助著名賽事，由賽事為產品背書，比如贊助世大運等。

（3）媒體背書。在影響力大的媒體上打廣告，由媒體背書，比如眾多品牌爭先恐後在某大電視平臺打廣告，不僅是其涵蓋面廣，更是因為這個媒體權威。

（4）通路背書。比如，有些品牌把進入 Costco、家樂福、愛買、大潤發等零售通路作為建立品牌信任的重要一環。

（5）文化背書。比如一個外國品牌名會比一個純中文名獲得更多信任，一個法國化妝品品牌能獲得更多好感等。

（6）其他。

（六）5/7Q：值得嗎——價值才是依據，模式實現價值

5/7Q 對應的行銷工具如表 4-7 所示。

表 4-7 5/7Q 與行銷工具

7Q	行銷工具和支撐策略
值得嗎	1. 顧客可得價值 2. 價值塑造和價值的最大化展現 3. 價格和利益對比表達 4. 瞄準競爭對手的報價 5. 提高價值感的報價 6. 降價、漲價的表現 7. 營利模式

　　顧客不怕花錢，但怕不值。顧客關心和計較價格的背後，其實是關心值不值的問題。企業要把產品的利益都說出來，用生動的方式讓顧客感受到這些利益。當顧客不願為一個有價值的產品和服務支付價格時，我們就需要創新自己的利潤模式來獲得營利了。

　　一家企業生產同樣的兩件服裝，第一件標價 360 元，第二件標價 380 元。

　　你買哪一件？僅就價格而言，我的選擇和大家一樣，當然是選擇價格便宜的第一件。

　　如果第一件的品牌標籤你沒有聽說過，而第二件的品牌標籤是電視經常廣告的品牌，你買哪一件？

　　如果兩件的品牌標籤也一樣，但第一件在 5 公里外的知名連鎖賣場銷售，第二件在樓下的專賣店銷售。去連鎖賣場購物，開車需要經過三個路口，正常行程大約 20 分鐘，加上購物時間來回約 70 分鐘，油費大約 40 塊錢。連鎖賣場可以免費停

車，但由於經常客滿，不能保證每次都能找到停車位。如果加上塞車、結帳排隊等，通常需要更長的時間。去樓下專賣店，來回 15 分鐘搞定。你要買哪一件？你還是買價格較為便宜的第一件嗎？

繼續。在連鎖賣場，承諾七天之內退換；在專賣店，貨已售出，概不負責。你還堅持你剛才的選擇嗎？

要回答上面的問題，就不能僅透過價格輕易得到答案了。實際上，顧客在決定是否購買某件商品時，其依據不是價格，而是顧客可得價值，即與他的投入相比，產品所帶來的好處和利益有多少。

「顧客可得價值」（customer delivered value）是指顧客總價值（total customer value）與顧客總成本（total customer cost）之間的差額。

顧客總價值是指顧客購買某一產品與服務所期望獲得的一組利益，它包括產品價值、服務價值、人員價值和形象價值等。

顧客總成本是指顧客為購買某一產品所耗費的時間、精力、體力以及所支付的貨幣資金等，因此，顧客總成本包括貨幣成本、時間成本、精力成本和體力成本等。貨幣成本包括產品價格以及差旅支出、資訊蒐集等交易費用。交易金額越大，對顧客越重要，時間成本和精神成本就越大，購買一瓶水幾乎沒有時間、精力、體力支出，但是買房、裝修卻要很大的時間、精力、體力支出。

在假設顧客具有充足支付能力的情況下，顧客是否決定購買某件商品，其依據不是價格的高低，而是顧客可得價值的高低，即價值的高低。企業可從兩個方面來提高自己的顧客可得價值：一是透過改進產品、服務、人員與形象，提高產品的總價值；二是透過降低生產與銷售成本，減少顧客購買產品的時間、精力與體力的耗費，從而降低貨幣與非貨幣成本。

（七）6/7Q：我為什麼要在你這裡買——製造差異化、創造附加值

6/7Q 對應的行銷工具如表 4-8 所示。

表 4-8 6/7Q 行銷工具

7Q	行銷工具和支撐策略
我為什麼要在你這裡買	1. 標竿競爭對手 2. 製造差異化 3. 創造附加值 4. 增值服務

當顧客提出「我為什麼要在你這裡買？為什麼買你的」的時候，他是期望可以在你這裡得到更多的差異化、附加值和增值服務，而顧客得到的最終利益是由價值鏈上的每一個增值環節不斷疊加、累積產生的。

如果是品牌方，其重點是差異化和創造附加值。比如我們的洗衣機洗得更乾淨，更省水，又比如我們的洗衣機是奈米洗衣機等。

如果是通路商，其重點是差異化和增值服務。比如在某個城市裡有四家賓士展示中心，賓士車都是一樣的，價格也一樣，那麼，如何讓顧客選擇在你這家展示中心買，而不是其他展示中心呢？你必須塑造出你不同於其他家展示中心的特點和增值服務來，比如你家的售後服務技師都是金牌技師。

（八）7/7Q：我為什麼現在就要買——境況導向與塑造當下價值

7/7Q對應的行銷工具如表4-9所示。

表4-9 7/7Q與行銷工具

7Q	行銷工具和支撐策略
我為什麼現在就要買	1. 需求層面 （1）需求境況導向。上市時機選擇、境況性購買、節日和假日消費、應季銷售、日常消費 （2）製造需求的壓迫感（含製造需求）。SPIN、限時、限量、限款 2. 店家促銷活動。換季銷售、衝動性購買

回答顧客「我為什麼現在就要買」要從兩個方面入手：一個是需求層面，一個是時間價值層面。

在需求層面解決，又主要分為兩點：一個是需求境況導向，一個是製造需求的緊迫感。所謂需求境況導向，是指當顧客處於某種境況和需求的時候，就第一時間想起你的產品。比如士力架（Snickers），它的標語是「飢餓的時候，你會變得不是平常的你」（You are not you when you are hungry），顯然當

出現飢餓情形的時候，你就會想起和購買士力架。又比如有一次我在某海邊遊樂園度假，玩水上高空溜滑梯，現場有抓拍你從溜滑梯落下時的照片，等你下來後，就適時推銷給你留作紀念。所謂製造需求的緊迫感，就是把隱性需求變成顯性需求，把不緊迫需求變成緊迫需求，把小問題變成大問題，並製造供不應求的局面。限量、限款、限時，或分批逐次推向市場等，都是製造供不應求局面的有效方法。

在時間價值層面上，主要是塑造「現在」的價值，即向顧客指出「現在」買和「以後」買的價值差異點是什麼。主要的手法就是當下的門市促銷活動，常見的有買贈、抽獎、特價、免費等。

在電影行銷中，7/7Q 的應對十分重要，處理不好，會遭遇慘烈票房；相反，就可以票房大豐收。

中國導演馮小剛因賀歲片而出名，但 2012 年 11 月 29 日上映的投資 2.1 億元（約新臺幣 9 億元）拍攝的賀歲電影《一九四二》卻遭遇了票房滑鐵盧，總票房僅有 3.7 億（約新臺幣 15.9 億元），而同期上映的冒險劇情電影《少年 Pi 的奇幻漂流》（2012 年 11 月 22 日中國上映）票房卻達到 5.6 億（約新臺幣 24.1 億元），喜劇電影《人再囧途之泰囧》（2012 年 12 月 12 日中國上映）票房更是到達 12.6 億人民幣（約新臺幣 54.3 億元）。為什麼會出現這樣的情況呢？關鍵是《一九四二》的題材與賀歲檔的需求不合拍。《一九四二》主要講述了一九四二年的

一場災難，中國抗日戰爭處於戰略僵持階段，此時河南大旱，千百萬民眾離鄉背井、外出逃荒的情節。元旦前夕賀歲檔大家要的是輕鬆、歡樂，而《一九四二》的題材過於沉重，因此，儘管在媒體關注度和曝光率方面《一九四二》大面積領先《少年 Pi 的奇幻漂流》和《泰囧》，但是，觀眾卻大多不願在這樣一個歡樂的節日選擇這樣一部沉重的電影。相反，映前一直低調的《泰囧》卻憑藉應時的喜劇效果，在賀歲檔大獲豐收。次年（2013 年），馮小剛拍了一部低成本的喜劇電影《私人訂製》在賀歲檔上映，票房輕鬆達到 6.8 億（約新臺幣 29.3 億元）！如果馮小剛的《一九四二》像他之前拍的《唐山大地震》（2010 年 7 月 22 日中國上映，票房 6.5 億）一樣放在 7 月分而不是賀歲檔，它的票房也可能達到 6.5 億（約新臺幣 28 億元）。

學點方法容易上手，參透 7Q 才是高手

（一）7Q 行銷工具組合推薦和經典行銷模式

不同的行銷工具組合在一起就構成了一些行銷模式，表 4-10 列出了目前常見的一些行銷手法。顯然，不同的行銷工具相互組合，會有眾多的行銷模式，並不限於下表所列。最切合企業的 7Q 品牌行銷系統工具組合要根據企業資金狀況、產品優勢、競爭狀態等具體分析制定。

特別跟大家強調的是，就像經典的 4P（產品、價格、通

路、促銷）一樣，有了這樣一些工具組合和行銷模式，雖然能讓大家更加容易上手，但是，只有當這些工具組合成一個系統，能全方位回答顧客的 7Q 時，才能真正發揮最大的作用！

表 4-10　7Q 品牌行銷系統工具組合推薦和經典行銷模式

序號	7Q 品牌行銷系統工具組合推薦和經典行銷模式	適用企業、行業性質
1	標語＋銷售團隊	中小型企業、大客戶銷售
2	標語＋實體店鋪宣傳	中小型企業、快速消費品
3	標語＋網路基礎推廣＋銷售終端宣傳	中小型企業
4	標語＋網路行銷	中小型企業
5	明星代言＋電視廣告＋贊助體育賽事或代表團＋專賣店	中大型企業
6	差異化定位＋標語＋明星代言＋電視廣告	中大型企業
7	新聞媒體爆料＋產品發表會＋明星企業家＋網路平臺	中大型企業
8	網路行銷＋電商平臺成交	所有企業
……	……	……

注：以上工具組合和模式推薦僅供參考，適用企業也並非絕對，行銷工具組合和模式也不限於以上推薦。

（二）新聞媒體＋產品發表會＋明星企業家＋網路平臺

賈伯斯的蘋果正是走這個模式。

1. 新聞媒體

蘋果公司公關部和眾多知名媒體和知名記者建立了良好的關係，並有計畫、分步驟地向這些記者和媒體爆料，引導輿論，作出回應，增加蘋果曝光率，吊起人們的好奇心，增加人們的關注度，並且很多新聞爆料，與其說是新聞，還不如說是廣告更貼切。

2. 產品發表會

每年定期召開盛大的產品發表會。蘋果公司一年一度的秋季新品發表會總是產品推陳出新的狂歡，人們總是對蘋果產品有更多的好奇心和最高的期待。2007 年 1 月，蘋果 CEO 史蒂夫·賈伯斯在公司的 MacWorld 會上發表第一部 iPhone。2020 年 10 月 13 日，蘋果公司推出了四款新裝置：iPhone 12 Mini、iPhone 12、iPhone 12 Pro 和 iPhone 12 Pro Max。

3. 明星企業家

賈伯斯是當之無愧的明星企業家、話題企業家。現在是提姆·庫克（Tim Cook）接替賈伯斯的職務，扮演賈伯斯的角色。

4. 網路平臺

網路已成為蘋果重要的資訊發布和銷售平臺。

具體方法是：

（1）新聞媒體預熱新品和發表會；

（2）在全球最知名的展會和場合上舉辦奢華的新品發表會；

（3）明星企業家主持；

(4) 展示產品的革命性變化；

(5) 公布上市日期和銷售政策；

(6) 上市前，新聞媒體繼續鋪天蓋地的報導烘托；

(7) 接受顧客預訂、排隊；

(8) 正式上市發售。

(三) 空中小廣告＋地面大宣傳

1990 年代，香港絲寶集團旗下舒蕾品牌挑戰寶鹼旗下飛柔品牌採取的就是這個模式。

舒蕾和寶鹼的「轟炸」式廣告不同，他們不僅重視賣場的形象，更視賣場為決戰的戰場，從產品包裝視覺、產品陳列、POP 貼掛，到導購員的服裝、話術，乃至賣場的廣告資源利用，無不精心策劃和設計，進行強大的體驗行銷和視覺行銷。

1990 年代，中國洗髮精市場基本由寶鹼和聯合利華兩大天王所壟斷。

1996 年，絲寶集團以舒蕾為品牌衝擊洗髮精市場，正式上市。很快，消費者就在街頭感受到了紅色舒蕾的視覺宣傳，更是在超市經常遇到舒蕾禮儀小姐的「終端宣傳」。舒蕾在各種類型的終端成功實施了人員宣傳，使得市場占有率獲得超常規的成長，向市場領先者寶鹼發出了強而有力的挑戰。短短幾年，舒蕾憑著獨特的行銷模式迅速崛起，2000 年以年銷 20 億元（約新臺幣 86.3 億元）、15% 的市場占有率坐上了中國洗髮精市場的第二把交椅，創造了寶鹼、舒蕾、聯合利華三足鼎立的局面。

（四）他人的成功模式是否可以複製

他人成功的模式可否複製？是可以的，但前提是你必須明確這些模式是如何承載 7Q 的，你又將如何用這些模式承載自己的 7Q。如果只是簡單模仿、生搬硬套，知其然而不知其所以然，那麼，複製就是十分危險的。輕則東施效顰，畫虎不成反類犬，重則虛耗資源，一無所獲。

如果說行銷工具組合是品牌巨人的血肉、骨骼，那麼，7Q 就是品牌巨人的靈魂。

兩個維度、三種 7Q 品牌行銷系統

所謂兩個維度，一個維度是空中或者地面，一個維度是中間商（大客戶）或者最終消費者。

顯然，對於一款飲料產品而言，中間商是否願意銷售它的理由和最終消費者是否願意購買它的理由肯定不一樣，中間商在乎的是利潤，而消費者可能在乎的是口感。所以，對於一款飲料產品而言，它不僅要有針對最終消費者的 7Q 品牌行銷系統，還要有針對中間商的 7Q 品牌行銷系統。當然，如果是做直接銷售，沒有中間環節，那麼，也就只有一個 7Q 品牌行銷系統了，即針對最終顧客的 7Q 品牌行銷系統。

空中 7Q 品牌行銷系統指的是顧客未到達購買地點前的行銷系統，地面 7Q 品牌行銷系統指的是顧客到達購買點後的行銷系統。購買地點既指線下實體商店，如超市、專賣店等，也指

線上購物網站和平臺，如蝦皮、PChome、momo、露天、某品牌官方網站等。空中和地面的有效配合是品牌成功的保證。企業透過行銷工具全方位回答顧客最關心的七個問題的模式有三種：

(1) 空中（廣告和公關）全涵蓋模式；

(2) 地面（銷售終端）全涵蓋模式；

(3) 空中和地面共同涵蓋模式。

好的空中 7Q 品牌行銷系統就是把銷售員簡化為收銀員，好的地面 7Q 品牌行銷系統就是讓成交率倍增，甚至變成 100%。

如何打擊競爭對手

打擊競爭對手的思路就是在 7Q 層面去打擊對手，在 7Q 各個問題上為對手製造麻煩。列出自己和競爭對手的 7Q 行銷系統，看看自己在哪方面比對手強，哪方面比對手弱。在對手弱、自己強的 7Q 問題上展開攻擊。

比如京東與淘寶的競爭，看看京東是如何打擊淘寶的。為什麼從京東買，而不是在淘寶買？京東的優勢是正品保證，自有物流，送貨快，價格便宜。淘寶的優勢是知名度更高，價格更便宜，但第三方物流送貨速度無法保證，尤其是「雙十一」時。同時，淘寶上賣家眾多，難以監控，時有假貨（淘寶已經在加大管理力度，不斷打擊平臺上出現的假貨）。針對於此，京東打擊淘寶的廣告策略就出來了：「瞎淘了吧」、「同是低價，何

不買一真的」，並且在各大媒體輪番播放。

7Q 和經典 4P、4C、4R 的說明

20 世紀著名的行銷學大師，美國密西根大學教授傑羅姆· 麥卡錫（Jerome McCarthy）於 1960 年在其第 1 版《基礎行銷學》（Basic Marketing: A Managerial Approach）中，第一次提出了著名的「4P」行銷組合經典模型，即產品（Product）、價格（Price）、通路（Place）、促銷（Promotion）。1990 年，美國學者 Robert Lauterborn 教授提出了與傳統行銷的 4P 相對應的 4C 理論，4C 分別指代顧客（Customer）、成本（Cost）、便利（Convenience）和溝通（Communication）。後來，美國整合行銷傳播理論的鼻祖唐· 舒茲（Don E. Schultz）在 4C 行銷理論的基礎上提出了 4R 行銷理論，4R 分別指代關聯（Relevance）、反應（Reaction）、關係（Relationship）和報酬（Reward）。

這些大師的觀點使行銷實踐不斷躍上一個又一個新臺階，使行銷經理的行銷實踐更加有效率和活力。

時至今日，企業的經理和商學院的學生們都是用 SWOT ＋ STP ＋ 4Ps 的模式來思考問題和開展行銷工作，並輔以 4Cs、4Rs，但這種模式在給了經理們一個思維路線的同時，也為經理們帶來了困惑。因為，它沒有向企業經理和商學院的學生們解釋清楚，它是如何實現產品從廠商到顧客的「驚險一躍」的，或

者說，4P 在說服顧客購買產品的時候，說服力是不充分的：

（1）難道有了出色的 4P，顧客就應該買單？就必須買單嗎？

（2）想想超市的貨架上，是不是有許多這樣的產品：它們的品質是一流的，價格是有誘惑力的，廣告也是天天播的，而顧客卻對它們無動於衷？

4P 只是給出了企業如何面對顧客的答案，卻沒有給出如何說服顧客的答案。其實，4P 由於缺乏對顧客完整、系統的說服力，買與不買的主動權更多落在了顧客手中。基於此，我們提出了 7Q 行銷模式，它多層次、立體地解決顧客疑問，實現產品從廠商到顧客的精彩一躍。7Q 行銷模式立足於顧客購買決策流程的分析，認為行銷是推動顧客購買進程的過程，其核心是系統回答顧客最關心的七個問題，並以此為基礎，建立企業的行銷系統。在本質上，4P 是基於方便企業進行行銷操作而提出的，「它的偉大在於它把行銷簡化並便於記憶和傳播」，而 7Q 才是真正以顧客為中心提出的。也是基於此，4P 在今天仍然有龐大的價值，它可以讓一個行銷的初學者或者行銷經理在工具層面很容易找到思考點，容易上手。但是，也正因為如此，常常讓行銷經理忘記了行銷的目的，忽視了工具的本質。而 7Q 恰恰可以促使行銷經理根據行銷工具的各種 7Q 屬性把行銷工具緊緊圍繞在讓顧客購買、讓顧客滿意這一核心上（如表 4-11 所示）。

但是，如果你深入了解 4P、4C、4R 和 7Q，你會發現所有

的理論最終都殊途同歸，都是條條大道通羅馬。其關鍵的差別是，儘管最終的終點都一樣，但思考問題的直接起點和中心點不一樣。如果用一句話總結就是：與 4P、4C、4R 相比，7Q 更能讓行銷經理的工作圍繞在「說服顧客購買」這一點上，而不是落在工具形式和一般性的理念上。

表 4-11　4P 行銷工具的 7Q 屬性分析

7Q	產品（力）PRODUCT	價格（力）PRICE	通路（力）PLACE (CHANNEL)	促銷、溝通（力）PROMOTION
1/7Q			■	■
2/7Q	■			■
3/7Q	■			■
4/7Q	■			■
5/7Q	■	■		■
6/7Q	■	■	■	■
7/7Q			■	■

　　注：工具在哪個 7Q 上有突出優勢就在哪個對應框裡打「■」。

第五章
品牌名稱、品牌 Logo（標誌）、
品牌 Slogan（標語）與
7Q 品牌行銷系統

品牌名稱可以解決哪些 7Q 問題

　　品牌名稱作為最基本的行銷要素，它由字詞構成，藉以傳達意義。應用不同的文字、詞組，塑造不同的涵義，可以解決和回答不同的 7Q。換句話說，你想在整個 7Q 品牌行銷系統裡用它回答哪個問題，它就可以回答哪個問題。如日立變頻冷氣回答了 2、4、5/7Q 問題，飛柔洗髮精回答了 3/7Q 問題，雪碧回答了 3/7Q 問題，奧迪回答了 1/7Q 問題。

　　這裡特別提一下奧迪：我們會說奧迪在基因上就應該比 BMW 和賓士更應該獲得顧客的關注，「奧迪」這個品牌名稱在 1/7Q 上比「BMW」和「賓士」更具有優勢，為什麼呢？我們來看它們的英文就明白了，奧迪（Audi）對應的首寫字母是 A，BMW 和賓士（Benz）則對應 B。這就讓奧迪在眾多場合的排序都在 BMW 和賓士之前，曝光率比 BMW 和賓士高。需要說明的是，雖然 BMW 和賓士在 1/7Q 上先天落後於奧迪，但是在中國及港澳市場上，BMW 和賓士在 2、3、4、5/7Q 天生比奧迪有更好的聯想（注：BMW 和賓士在中港澳分別譯為寶馬、奔馳）。

一個好的品牌名稱可以省下千萬廣告費

　　據報載，國外某企業生產一種水果酒，主要原料是橘子、鳳梨、山楂、石榴等六種水果，起初被命名為「雜果酒」。結

果，市場反應不好，不被消費者認可。後來改名為「六果液」，結果市場反應熱烈，在全國暢銷。

品牌名稱是產品最大化的濃縮，是顧客了解產品的第一元素。好的名稱會讓企業在品牌宣傳時事半功倍；反之，差的名稱就會讓企業事倍功半。

一個好的品牌名稱不但可以提高在爭奪顧客注意力中的勝算，更能傳遞信任和品牌利益，甚至一個好的品牌名稱可以為企業省下千百萬元的推廣費用。一個好的品牌名稱應當符合以下標準：

（1）好說、好聽、好記。

（2）能激發好的聯想。品牌名稱要能夠激發顧客好的聯想，如飛柔、雪碧。

（3）凸顯並向顧客傳達產品利益或賣點。雪碧向顧客傳遞清涼感，飛柔向顧客傳遞柔順感等。

（4）品牌名稱一定要放在整個 7Q 品牌行銷系統中去整體思考和設計。

在選擇品牌命名時，可以選用有直接意義的詞，也可以選用不相關的字組成一個無意義但可以激發良好聯想並能傳遞產品利益的詞。比如，為一個保險櫃選擇品牌名稱，可以有下面選項：楓葉、鍾馗、猛虎、伊森·韓特（好萊塢電影《不可能的任務》主角）。這四個選項基本都符合好說、好聽、好記的標準。楓葉、猛虎、伊森·韓特可以激發好的聯想，鍾馗、猛虎、

伊森·韓特可以傳遞產品利益。因此，猛虎、伊森·韓特都是不錯的品牌名稱，前者更中式，後者更西式。

在選用有明顯意義的中文詞語時，要特別注意該詞語意義與產品利益的關係。如果處理不當，會讓企業多花廣告費用，如果處理得當，則可幫企業節省廣告費用。

我們曾經建議一家食用油品牌謹慎選擇「沙地」作為其品牌名稱。企業認為，沙地裡產好花生，好花生產好油，所以，用「沙地」作品牌名稱是合適的。但我們調查後發現，作為年輕一代的家庭主婦，她們並不知曉這層關係，並且沙地給她們的聯想並不好（想一想沙塵暴）。如果企業執意選擇「沙地」作為品牌名稱，那麼，它就要花費大量的廣告費教育消費者，使消費者認識到「沙地裡產好花生，好花生產好油」這層關係，否則，品牌名稱必然會扯銷售的後腿。為了讓顧客進行正向聯想，「沙地」要額外準備一千萬的廣告費。

大家一定要明白，企業任何試圖說服和教育顧客的行為都意味著要有大量的廣告費用的支出。

品牌 Logo

品牌 Logo 本身並沒有涵義，涵義是社會文化和品牌行銷活動賦予的。

IBM 這三個字並不高大上，是國際商業機器公司（International Business Machines Corporation，簡稱 IBM）

百年的歷史和卓越的產品服務使這三個字母變得熠熠生輝，光彩奪目。換句話說，是國際商業機器公司成就了 IBM 三個字母，而不是 IBM 這三個字母成就了國際商業機器公司。

企業在設計品牌 Logo 時，毋須過分追求 Logo 的美感，而應該投入更多的精力從滿足 7Q 的角度去思考和設計。

優秀的 Logo 在解決 1 ～ 5/7Q 上是可以加分的，尤其是在 1/7Q 上。

如 NIKE 簡潔的 Logo，更利於傳播和記憶。

那麼，品牌 Logo 在 2 ～ 5/7Q 上如何發揮作用呢？這是在使用有涵義的視覺元素來設計品牌 Logo 時要特別注意的。如星巴克的海妖 Logo，這樣的 Logo 元素使用，顧客一看就知道有更深一層的故事。

標語是企業最大的造勢

（一）企業最大的造勢者——標語

瀑布直下，是因為有山頂之勢；江河東去，是因為有高原之勢！

華人講究「取勢用之，造勢利之」。逆勢而為，則耗資巨大，事難成，甚至事不可成；順勢而為，則勢不可擋，大事可成，並事半功倍；勢成則事成，大勢成則大事成！

企業的經營要靠「勢」，一為借勢，二為造勢。外借社會行

業發展之大勢，內造企業品牌之強勢。

口號（標語）就是企業最大的勢，是企業之勢最集中和最高級的展現！

因此，設計和傳播口號（標語）就是企業最大的造勢！

「全家就是你家」、「i'm lovin' it」、「華碩品質，堅若磐石」……這些膾炙人口的標語，經過經年累月的傳播，為這些企業品牌造就了最大的勢，從而成就了它們千億級的銷售額和行業領先地位。

標語（品牌 Slogan）這種勢的直接利益表現為：

（1）凝聚內部上下共識，讓行動更堅定，讓企業長青。

（2）讓顧客對企業、對品牌一見傾心，魂牽夢縈，永駐他心。不娶則罷，要娶非她不娶！

（3）開源節流，讓企業省掉千萬廣告費，推動企業業績快速成長。高山流水，毋須外力，自然直下三千尺。有了標語，則勢成，那麼，企業在各層級的宣傳費用會大大減少，幫您省掉千萬廣告費。

（二）設計標語是極專業的事

好的標語（口號）是造勢，幫助企業開源節流；劣質的標語是毀勢，致使企業各自為戰，內耗不斷，正所謂牽一髮而動全身。好的標語，是勢不可擋；劣質的標語，只會落井下石。

標語的創作是一門學問，它作為品牌或企業的傳播符號，承擔著訴求品牌利益的重要作用。它不僅表現在文字修飾上，

更表現在行銷智慧上。

好聽的標語，並不一定是好標語，好標語不僅要求好聽。

現實中很多被人熟知的標語卻無法為企業帶來銷售業績的拉動，設計標語是極為專業的事情，是對大腦的嚴格考驗！

（三）堅持、重複是標語造勢的核心

「Just Do It」，這是 NIKE 自 1988 年以來使用的標語，至今已使用超過 30 年。

「i'm lovin' it」，這是麥當勞自 2003 年以來一直堅持使用和推廣的標語，是麥當勞在全球的唯一宣傳口號，被翻譯成多國語言。

所以，堅持和重複是標語造勢的核心，而標語的精心設計則是標語造勢的前提。

標語可以解決哪些 7Q 問題

標語，也稱作廣告標題或廣告口號。在文案和平面廣告中，標語往往以標題的形式出現；在影視廣告中，標語往往以定格畫面和畫外音的形式出現。標語由文字、詞彙構成，選用不同的文字、詞彙可以傳達不同的涵義，進而解決不同的 7Q。換句話說，標語能解決哪些 7Q 問題，是由標語的詞彙選擇和設計意圖決定的。比如，Extra 口香糖的標語「吃完喝完來兩粒」，很好地回答了 7/7Q 問題；海倫仙度絲「去屑實力派」，回

答了 1、2、3、7/7Q 問題；茶裏王「回甘就像現泡」回答了 1、2/7Q 問題。

需要幾條標語——標語的體系

標語（口號）是企業核心競爭力和品牌策略的最集中展現。但是，標語往往不會單獨存在，只有成體系才會造就最大的勢！

在專業的 7Q 標語設計中，標語是分類別和層次的，其體系如下：

1. 瞬時溝通標語、長時溝通標語

瞬時溝通，也稱短時溝通、淺層溝通，是指在極短時間內的溝通，比如 5 ～ 15 秒。與瞬時溝通相對，長時溝通，也稱深層溝通，是指在比較長的時間內的溝通。

瞬時標語，是指如果顧客就給我們 5 ～ 15 秒的時間，我們設計的標語。長時溝通標語，是指如果顧客給我們 10 分鐘以上的時間向他們呈現，我們所設計的標語。

在瞬時溝通下，標語設計奉行「好的標語是不需要解釋的」的原則，比如「熟悉的麥香最對味」、「i'm lovin' it」、「有 7-Eleven 真好」等。不需要解釋的標語才是好標語，需要解釋的標語通通不是好標語。

長時溝通標語，應當遵循「讓人回味，韻味悠長」的原則，比如戴比爾斯（De Beers）「鑽石恆久遠，一顆永留傳」（A

Diamond is Forever）、奧迪「進化科技，定義未來」、賓士「The Best or Nothing」。

2. 前端標語、後端標語，即一級、二級、三級標語

前端標語，是我們希望顧客首先看到的標語。後端標語，是我們希望顧客看到前端標語後接下來看到的標語。

誰能直接對應顧客的需求，縮短顧客的決策時間，誰就是第一標語、前端標語。也就是說，我們期望顧客首先看到「前端標語」以快速占領其空白心智，激發和滿足顧客需求。然後，希望顧客看到「後端標語」，以把顧客帶入使用產品後的美好情境中。

3. 內部員工標語、外部顧客標語、外部夥伴標語

內部員工標語是針對內部員工的，外部顧客標語是針對顧客的，外部夥伴標語是針對中間商、零售商等商業夥伴的。族群不同，關心點不同，標語自然應該不同。

4. 企業、品牌、產品、活動事件標語

企業、品牌、產品、活動事件的標語逐級細化，企業的為品牌的提供勢和基因，品牌的為產品的提供勢和基因，產品的為事件的提供勢和基因；事件的需要在產品下進行，產品的需要在品牌下進行，品牌的需要在企業下進行。

一般而言，企業應該根據不同需求制定兩條以上的標語。

同時，要想使標語價值最大化，還必須有標語的載體系統、傳播和使用策略。

如何才能製作一條驅動銷售的標語

　　一句有穿透力、有深度、有內涵的標語的傳播力量是無窮的，好的標語可以直接促進顧客購買。但是市場的表現是，暢銷的產品往往有一條為人廣泛傳播的標語，可被人廣泛知曉的標語並不全部都能為企業帶來銷售業績……

　　標語是企業行銷水準的最集中展現，一條好的標語可以直接促進顧客購買。標語的創作是一門學問，它作為品牌或企業的傳播符號，承擔著訴求品牌利益的重要作用。它不僅表現在文字修飾上，更表現在行銷智慧上。現實中有很多被人熟知的標語卻無法為企業帶來銷售業績的拉動，這其中的謎團，還需要我們從 7Q 品牌行銷系統說起。

　　某種特定的行銷工具和手法是什麼形式並不重要，而行銷工具和手法實現了什麼樣的目的、回答了哪個 7Q 問題才是最重要的。

　　標語是回答 7Q 問題的一種手法，它要發揮作用，必須和其他行銷手法一起構成一個 7Q 品牌行銷系統，一起來全方位地回答顧客的 7Q 才可以。脫離 7Q 盲目進行標語的設計，是無法驅動銷售的。

　　標語的目的之一是在潛在顧客的心智中找到空白的領域或競爭對手相對較弱的領域而加以占領，以實現快速、低成本贏得顧客的記憶和青睞。標語首先解決的是注意力，好的標語可以回答更多的問題，但是它仍然需要與其他品牌行銷活動相配

合。好的標語總是能回答多個問題，但是實際上沒有一條標語能同時回答所有的問題，因此縱使再好的品牌標語，也需要與其他品牌活動相配合，共同回答顧客關心的 7Q 問題，組成 7Q 品牌暢銷系統。

由於標語中往往避免不了品牌名稱的出現，而品牌名稱和標語同樣都是重要的行銷手法。下面，就將品牌名稱和標語放在一起來探討。在用品牌名稱和標語來共同建構品牌暢銷系統的時候，首先，要分析顧客的 7Q 體質；其次，分析是否只用品牌名稱和標語就可以回答剩餘的 7Q 問題；再次，品牌名稱和標語具體回答了哪些問題，還有哪些問題沒有得到很好的回答；最後，才是企劃和選擇哪些活動來補位、配合回答其他的問題，以共同建構完整的 7Q 品牌系統。儘管好的品牌名稱和標語無法回答所有的 7Q，但優秀的品牌名稱和標語和其他品牌行銷活動一樣，應該能夠涵蓋和回答盡可能多的 7Q 問題。

企業可以不打媒體廣告，但只要它能透過其他行銷活動回答 7Q，它就是個有效的行銷系統。凡是能回答顧客 7Q 問題的行銷活動都可以去做，反之都不值得去做。凡是無法回答所有 7Q 問題的行銷系統就是有缺陷、有待改進的行銷系統，凡是重複回答顧客已有答案的某個 7Q 問題的活動，就可能是低效率的。

最後總結一下，如何製作一條驅動銷售的標語。

首先，要記住以下四個原則：

（1）標語的第一目的是引起顧客對產品的注意，而不是解決顧客的所有 7Q 問題。

（2）好的標語必須放在 7Q 系統下去思考、去設計。要麼用標語去補其他 7Q 活動的位，要麼用其他 7Q 活動來補標語的位。

（3）好的標語必須能夠同時解決盡可能多的 7Q 問題。

（4）標語必須放在顧客溝通情境和消費情境下去思考。

其次，按以下三個步驟設計標語：

（1）列出每個 7Q 問題的答案關鍵字。

目標客群、功效、差異化點、類別名稱、使用場合、品牌名稱都是可以考慮使用的關鍵字。

（2）用一句話串起盡可能多的關鍵字。這句話最好不超過十五個字。

（3）用語法修飾這句話，讓它更易傳播。

顧客看 7Q，外行看熱鬧，專家看門道。一條好的標語能產生很大的效果，帶來千億銷售額，但是，需要你精心設計它！

標語主打物理特性還是情感

首先，看你賣的是什麼，顧客在乎的是什麼。一杯咖啡，標價可以從 35 元到 800 元。35 元賣的是飲料，800 元賣的品味和情感，比如麥斯威爾咖啡（Maxwell House）的「滴滴香濃，意猶未盡」（Good to the last drop）賣的就是味道。通常來說，普通產品主打功效，高級產品主打情感。

其次，要看企業的投放資源和品牌的發展階段。

一個企業要經歷由小到大，一個品牌要經歷導入期、成長期、成熟期、衰退期。在不同的時期，品牌的標語訴求有著各自的側重點。在品牌的發展初期或企業實力較小時，品牌的標語應以功效為核心；在品牌發展的成熟階段或企業實力較強時，品牌的標語可以考慮在情感層面上進行；品牌發展成熟階段，可以在情感層面考慮標語的假設時，顧客對產品的功效已經非常熟悉，品牌知名度已經很高。

但是，更成熟的方式是在廣告中利用多種元素實現功效和情感的合一表達，比如用文字表達功效，用畫面表達情感；用畫外音表達功效，用場景表達情感等。

有關標語的幾個問答

（一）心魔：標語應該是美的，太俗、太直白是不好的嗎

標語是服務於銷售的，「美」和「俗」並不是評價一個標語好壞的標準。這就像我們不能用員工的外貌來作為評判這個員工業績好壞的依據一樣。行銷人員一定要克服標語設計的心魔：認為標語一定是美的，一定要新穎，不能太直白了，美的產品不能用直白的標語等。追求美是人的本性，我們追求美，但不要在意美，應該把焦點放在顧客和 7Q 上。「美」與「直白」是標語設計的結果，而不是標語設計的初衷。

過分執著於美，就會落入標語設計的「藝術派」的陷阱。

標語設計的行銷派打動顧客，以滿足市場需求為導向，以提升銷量為目的；藝術派感動自己，以滿足藝術要求為導向，以自娛自樂為目的。下面結合「腦白金」（中國知名健康食品品牌）作進一步闡述。

1. 我只在乎你——顧客評價才是生死斷言

腦白金電視廣告主要推廣禮品概念，膾炙人口的標語「今年過節不收禮，收禮只收腦白金」在中國家喻戶曉。電視廣告禮品篇主要打動的是年輕人，他們是購買的決策者和執行者。腦白金鋪天蓋地的電視廣告非常直接和成功塑造了「送禮就送腦白金」的禮品形象，抓住了送禮人的心態。

一個成功的產品廣告只在乎顧客的評價，而不是第三者的說三道四！任何人說好，不是好；任何人說壞，也不是壞！只有目標顧客的評價才是金科玉律！中老年人是腦白金的消費族群，子女、年輕人是腦白金的主力購買族群，而禮品是腦白金的產品定位。腦白金是什麼東西？如果所有人都說，腦白金是用來送禮的，是年輕晚輩送給老年人的健康食品，那麼，腦白金的廣告就成功了。

腦白金廣告雖被非目標顧客認為庸俗，卻直入人心，直入目標顧客的心——對消費者而言，自用的產品一般注重功能和價廉物美，但對於送給他人的禮品卻最關心知名度。因此，腦白金靠廣告提高知名度促銷量的策略非常成功。

2. 記住才會想念——顧客健忘，要堅持反覆轟炸

消費者是健忘的，同時，競爭對手也在不斷試圖引起顧客的注意，因此，要想讓消費者記住產品資訊，就要向目標顧客持續、反覆傳遞穩定不變的產品資訊。每逢過節，人們難免會為送什麼禮傷腦筋。然而，「今年過年不收禮，收禮只收腦白金」的「腦白金」的提示性廣告適時到來，恰到好處，送禮的人好像找到「救星」一樣，購買腦白金以表心意！因此，腦白金廣告持之以恆、鋪天蓋地、不厭其煩地告訴中國人民「送禮就送腦白金」，而只在形式上創新。

首先，主題永恆，形式多變，強化對顧客宣傳。

腦白金的送禮廣告自播放以來一直是換湯不換藥，不斷用新瓶裝舊酒。主題永恆，從未改變，就是「收禮只收腦白金」。形式多變，與時俱進，幸福的大叔和大嬸每年都要換身時尚衣服，換個時尚動作，換個時尚場景來向大家敘述自己的幸福生活。

其次，媒體選擇，不遺餘力——種類、品質、數量、頻率。

腦白金重視媒體的選擇和組合，並保證足夠的媒體數量和頻率。無論是從報紙還是電視，腦白金都以各種方式進入顧客的眼簾，衝擊顧客的視聽，腦白金成了一個出現頻率相對高的詞彙。報紙專攻功效，電視專攻禮品宣傳。兩種媒體各有所長，前者適合深度訴求，後者感染力強。

據傳言，有人建議腦白金減少廣告投入，畢竟它已經是家

喻戶曉的品牌了，認為減少的廣告投入就是利潤。但是，腦白金拒絕了這樣的建議，因為沒有廣告，腦白金會迅速被健忘的顧客遺忘。

3.「動手」比動心重要——要叫好不叫座，還是選擇叫座不叫好

到底什麼是好廣告？無法帶來銷量的廣告是不是好廣告？能帶來銷量的廣告是好廣告，能讓顧客動心願意購買產品的廣告就是好廣告；反之，無法帶來銷量的廣告，就不是好廣告。故事動人，畫面唯美，讓人身心愉悅，甚至有藝術般的美好享受的廣告是不是好廣告呢？如果大家只說廣告好看——動心，但消費者卻不願意去購買產品——「動手」，那麼，這個廣告肯定不是好廣告。當然，如果廣告兼顧銷售和美感當然更好，但是，有時這是困難和昂貴的。

因此，我們在設計標語的時候，一定要遵循行銷派的作風和「先奇、次合、後美」的原則！

我們要謹記行銷派和藝術派的區別。我們要當行銷派，不要當藝術派。我們不要以藝術人員的眼光來看待標語。

想一想下面這些驅動銷售的「俗」、直白的標語吧：

(1)「全國電子，足感心ㄟ」——全國電子。

(2)「天然ㄟ尚好」——京都念慈菴川貝枇杷膏。

(3)「乎乾啦」——麒麟啤酒。

(5)「感冒用斯斯、咳嗽用斯斯、鼻塞鼻炎用斯斯」——斯

斯感冒膠囊。

（6）「一度讚，越吃越讚」——一度讚泡麵。

（7）「明仔載的氣力」——保力達 B。

（二）標語要不要出現在包裝上

標語不一定要出現在產品包裝上。標語和產品包裝上的文字是兩個概念，它們發揮不同的作用。

（三）要設計的標語有模仿之嫌怎麼辦

模仿和創新不是我們設計和選擇一條標語的標準和依據，不被人指指點點、說三道四，也不是我們設計和選擇一條標語的標準和依據，唯一的標準和依據是能否貼合產品定位、帶動銷量。如果模仿能帶動銷量，製造話題，借勢而為，我們就模仿；如果創新能帶動銷量，脫穎而出，我們就創新。

（四）我們的標語被模仿了怎麼辦

好標語是不怕被模仿的。

首先，先打出者為正宗，後打出者為山寨。公開的模仿，從來為顧客所不齒。但我們要謹記，消費者始終認為那個聲音大的是先打出來的。所以，我們要深刻體會「跑得早，不如到得早」這句話。

其次，同樣一句標語，放在不同的品牌上，和其他行銷要素相結合的時候，產生的效果會有差異，這主要是涉及品牌名稱的自然聯想。換句話說，在某個品牌上可以用的標語，在另

一個品牌上就可能不能用、用不得。

（五）在網路時代，在去中心化的時代，標語還有沒有用

作為符號化的最佳載體，標語的價值和品牌名稱、Logo、符號化視覺要素仍然無可替代。

品牌名稱、標誌、標語對後續行銷資源需求規模的影響

在品牌自上而下設計和品牌行銷系統之下，品牌名稱、標誌、標語，包括即將說到的定位，會決定一個品牌未來的行銷資源的需求規模。如果品牌名稱、標誌、標語設計得好，未來品牌推廣所需的宣傳費用就會低；設計得不好，就會導致後續的品牌推廣對資源的需求會變大，甚至是越來越大。

曾經有一位企業家找到我，想做一個英國的精油產品，打造自己的品牌。請我評價一下他們設計的品牌 Logo 怎麼樣。那個品牌 Logo 運用了東方元素，展現了東方之美，但沒有鮮明展現出英倫風格。我告訴她：如果用這個 Logo 在臺灣做推廣的話，後面你要多準備幾千萬元的推廣費；如果換一個明顯具有英倫風格的 Logo，你後續品牌推廣所需的行銷資源規模就會大大降低！

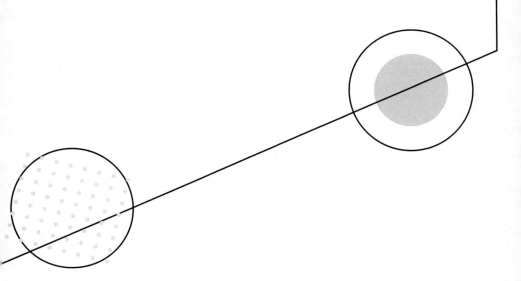

第六章
另一個角度看世界
——定位與 7Q 品牌行銷系統

這不是文字遊戲，而是真實的心理化學反應

　　假設有兩款唇膏，它們的成分一樣，功效一樣，包裝一樣（或者說它們包裝一樣，但它們成分、功效是否一樣，我們並不清楚）。唯一不一樣的地方是，一支唇膏的包裝上印著「唇膏」兩個字，另一支唇膏的包裝上印著「男士唇膏」四個字。我們現在的問題是，如果你是一位男士，當兩支唇膏都標價 49 元的時候，你會傾向於購買哪支呢？

　　我們在各種場合都做過這個實驗。就我們所做過的實驗結果來看，所有的男士都會購買「男士唇膏」。

　　接下來，「唇膏」49 元的價格不變，「男士唇膏」價格標示為 99 元。你會選擇哪一支呢？所有接受實驗的男士仍然會選擇「男士唇膏」。

　　接下來，「唇膏」的價格 49 元繼續保持不變，我們會把「男士唇膏」的價格依次提為 129 元、179 元、219 元……499 元。

　　隨著「男士唇膏」價格的提升，雖然有些男士作出選擇的時間加長，也有些人表示會考慮購買 49 元的「唇膏」，但仍然會有大量的男士傾向於購買更高價格的「男士唇膏」。在我們調查的範圍內，219 元的價格仍為絕大多數男士所接收，價格更高時，拒絕的開始增多。399 元為接受的上限。只有一位男士接受499 元的價格。

　　兩款一樣的唇膏，「男士」兩個字就使顧客的心理發生了化學反應。如果算經濟帳，價格由 49 元提到 99 元，價格提高了

約一倍，利潤至少實現了五倍的成長。

這個實驗還可以反過來這樣做：兩支唇膏包裝、外觀一樣，價格一樣，都是 129 元，不一樣的是一支唇膏的包裝上印著「唇膏」兩個字，另一支唇膏的包裝上印著「男士唇膏」四個字。如果妳是女士，妳會選擇哪一個？如果「男士唇膏」降為 99 元，妳會選擇哪一個？如果「男士唇膏」降為 49 元，妳會選擇哪一個呢？

我們再來看一個例子，防晒乳和隔離霜都是女士必備的化妝品。那麼，隔離霜和防晒乳有什麼關聯和區別呢？

防晒乳，是外出防晒時使用的化妝品，是指添加了能阻隔或吸收紫外線的防晒劑來達到防止肌膚被晒黑、晒傷的化妝品。防晒乳的作用原理是將皮膚與紫外線隔離開來，它可以有效預防黑色素的產生。

隔離霜是化妝前使用的化妝品，在化妝前使用隔離霜是為了提供給皮膚一個清潔溫和的環境，形成一個抵禦外界侵襲的防備「前線」。如果不使用隔離霜就塗粉底、上妝，會讓粉底堵住毛孔傷害皮膚。然而，隔離霜也具有隔離和抵禦紫外線的作用，而其實質就是防晒。隔離霜中所用的防晒劑和防晒乳中所用的是一樣的，通常分為有機（化學）防晒劑和物理防晒劑兩類。根據網路相關資料，旁氏（Pond's）最早推出了隔離霜，那款隔離霜實質就是一款低 SPF 值（sun protection factor，防晒係數）的防晒乳。當時提出的宣傳口號是「隔離紫外線，隔離

髒空氣，隔離彩妝」。

但是，防晒乳變身為隔離霜後，卻出乎意料地受歡迎，後來有越來越多的隔離霜面世。要說現在的隔離霜和剛剛面世的時候的隔離霜有什麼不同，就是現在的隔離霜除了防晒之外，還加了更多的美膚、護膚成分而已。

防晒乳變身隔離霜，大受歡迎。這也不是文字遊戲，而是顧客的化學反應。

到底是什麼導致了這些化學反應呢？我們來看一個重要的概念：另一個角度看世界──定位。

對定位的定義

定位是個時髦的詞，很多人都喜歡用定位這個詞。那麼，到底什麼是定位呢？我們這裡彙集一下比較典型的對定位的定義，包括麥可·波特、菲利普·科特勒、艾爾·賴茲（Al Ries）和傑克·屈特（Jack Trout）等，當然，還有我們對定位的理解。其中，最為主流的就是艾爾·賴茲和傑克·屈特對定位的定義和闡述，其他定位定義都受其影響。在本書其餘章節中，如無特別說明，定位指的是艾爾·賴茲和傑克·屈特的定義。

（一）艾爾·賴茲和傑克·屈特對定位的定義

相對波特對於定位即策略選擇的理解，艾爾·賴茲和傑克·屈特是在產品層面講定位，他們的定位理論於 1969 年提出。

艾爾·賴茲和傑克·屈特對定位的定義：定位，是在潛在顧客的心智中占據一個有利的、有價值的位置，是如何讓你在潛在顧客的心智中與眾不同。艾爾·賴茲和傑克·屈特的定位強調如何利用消費者已有的觀念和競爭態勢構築差異化的產品形象。

定位的最終目的是讓自己的品牌在顧客的心智階梯中占據最有利的位置，當顧客產生某種需求時，會條件反射地直接將該品牌作為首選。定位的重心不是改變產品自身，而是改變產品在顧客心智中的認知。

在《定位》（Positioning: The Battle for Your Mind）一書中，提到了定位的四步法：

第 1 步，分析整個外部環境，確定「我們的競爭對手是誰，競爭對手的價值是什麼」。

第 2 步，避開競爭對手的顧客心智中的強勢，或是利用其強勢中隱藏的弱點，確立品牌的優勢位置——定位。

第 3 步，為這一定位尋找一個可靠的證明——信任狀。

第 4 步，將這一定位整合進企業內部營運的各方面，特別是傳播上有足夠的資源，以將這一定位植入顧客的心智。

在定位的步驟中，第 3 步所謂的信任狀，對應 7Q 中的 4/7Q——「我為什麼相信你」。

（二）菲利普·科特勒對定位的定義

1970 年，菲利普·科特勒最先將 Positioning 引入到行銷之中。菲利普·科特勒在《行銷管理：亞洲實例》一書中，指出了

企業進行行銷的策略工具 STP：細分市場—Segmentation，確定目標市場—Targeting，定位—Positioning。

其中對定位的定義是：

定位是指公司設計出自己的產品和形象，從而在目標顧客心中確立與眾不同的、有價值的地位。

其重點是差異化，透過差異化把自己的產品和競爭對手的產品在消費者心中區別開來。

(三) 麥可‧波特的定位定義

1996 年，麥可‧波特在發表於《哈佛商業評論》（Harvard Business Review, HBR）的「什麼是策略」一文中指出：

「定位是（競爭）策略的核心，策略就是形成一套獨具的營運活動，去創建一個價值獨特的定位。策略定位的實質就是選擇與競爭對手不同的營運活動。除非與其他定位相比而形成取捨（trade-offs），否則任何一個策略定位都不可能持久。當各個營運活動互不兼容時，就出現了取捨的需求。簡言之，取捨意味著如果想在某件事上做得更到位，就只能在另一件事上做得差一點。

策略定位出自三個不同的基點，它們並不相互排斥，而是經常重疊。首先，定位可以基於提供某行業的某個子類產品或服務，稱為基於類別的定位（variety-based positioning）。定位的第二個基點是滿足某類特定客群的大部分或者所有需求，稱為基於需求的定位（needs-based positioning）。定位的第

三個基點是依據不同的接觸途徑細分客戶，稱為基於接觸途徑的定位（access-based positioning）。」

從上文中可以看出，波特對定位的定義是站在企業總體策略的角度進行定義的。

(四) 經理人口語中的定位涵義

經理人在工作中經常說把產品定位在某個族群上，這裡的定位其實指的是目標客戶的選擇和匹配。比如，我們的產品定位是女性，指的是目標客戶的選擇。再比如，我們要把產品定位在高級族群上，指的也是目標客戶的選擇。

定位是解決 1/7Q 的首要手法

(一) 只有「第一」才能贏得注意力

為什麼要強調定位呢？

因為只有定位鮮明的產品和品牌才能被顧客記住和主動去尋找。請讀者自己做個實驗，請您立即說出盡可能多的手機品牌來。您會發現，您可以輕易地說出一個，甚至是三個，但是，越後面就越說不出來，記不得了。這就告訴我們一個殘酷的事實：沒有鮮明的特色和定位的品牌不會被消費者記住，不能被消費者記住的品牌，在顧客決定購買某項產品的初期就已經被淘汰掉了！更殘酷的是，在資訊高度發達、快節奏和品牌爆炸式產生的時代，消費者往往只會記住某個產品類別中的第

一是誰，而很少在意第二是誰，這是一個贏者通吃的時代。

BMW、賓士、VOLVO、奧迪為顧客所熟知，就是因為它們在各自的比賽項目中獲得了第一名：BMW 是操控和駕乘感受的第一名，賓士是舒適和品味的第一名，VOLVO 是安全的第一名，奧迪是地位、權威的第一名。

所以，我們再次強調，只有「第一」才能贏得顧客注意力。儘管你可能擅長很多比賽項目，但是，差異化就是找到自己最擅長的、觀眾最愛看的比賽項目，定位就是要在這個比賽項目中塑造「第一」或「唯一」的形象，產品刻劃就是要把這種定位全方位地表現並傳遞出去，便於顧客注意和尋找。

（二）重建戰場──讓中小品牌和大品牌站在同一起跑線上

另闢蹊徑的定位，可以在顧客心智中重建戰場，而這個新戰場，可以讓中小品牌和大品牌站在同一起跑線上。

7Q 對定位的理解──勢

在這裡，我們更多地繼承了艾爾·賴茲和傑克·屈特對定位的定義。

（一）定位可以解決哪些 7Q 問題

不同的定位藉以標語等表現形式，可以對應和回答不同的 7Q 問題。換句話說，定位可以回答任何一個 7Q。但是，需要補充的是，所有定位都具有回答 1/7Q 的效果。

比如，每朝健康定位的是「消脂瘦身的茶飲」，回答了 3/7Q；紅牛定位的是「提神時喝的飲料」，回答的是 2/7Q 和 7/7Q；全聯定位為「低價超市」，回答的是 5/7Q、6/7Q；美國西南航空定位在「低價航空（單一經濟艙飛行）」，也很好地回答了 5/7Q、6/7Q。

（二）僅有定位是不夠的

1969 年，傑克·屈特首次提出「定位」概念，用來表述和定義賴茲公司提出的一種行銷哲學。2001 年，定位理論被美國行銷協會評為「有史以來對美國行銷影響最大的觀念」。近年來，定位理論在亞洲獲得很大的關注，甚至有人聲稱一些知名品牌的成功得益於該理論的指導。定位理論果真那麼神奇嗎？如果我們靜下心來仔細想一下，就會發現一個問題：為什麼定位在有的行業的效果很顯著，在有的行業效果就不理想呢？每一個定位清晰的企業都取得成功了嗎？每一個成功的企業都一定是由於主動、清晰的定位嗎？

定位並非成功的唯一選擇，只有定位也是不夠的。造成這樣的現象和結果的原因當然錯綜複雜，有行銷方面的原因，也有非行銷方面的原因。但是，僅就行銷方面，造成這種現象和結果，也有其必然性。為什麼呢？這要先從 7Q 品牌行銷系統有效的充分必要條件開始說起。我們過去一直強調，一個 7Q 品牌行銷系統有效的充分必要條件是必須全涵蓋顧客的 7Q，一個能全涵蓋顧客 7Q 的品牌行銷系統就被稱為 7Q 品牌暢銷系統。

　　企業使用什麼形式的行銷工具和手法並不重要，用不用「定位」也並不重要，重要的是這些行銷工具和手法實現了什麼樣的目的，回答了哪個 7Q 問題，所有的行銷手法或者說定位聯合其他行銷手法是否完整、全方位地回答了顧客的 7Q 的問題。

　　定位的目的是在潛在顧客的心智中找到空白的領域或競爭對手相對較弱的領域而加以占領，以實現快速、低成本贏得顧客的記憶和青睞。定位首先解決的是注意力問題，而好的定位加上宣傳語可以回答更多的 7Q 問題，但是，它仍然需要與其他品牌行銷活動相配合，才能有效地、全方位地回答 7Q 問題。

　　比如，「第一口就回甘，御茶園」很好地刻劃和回答了 2/7Q，「明仔載的氣力，保力達 B」很好地回答了 3、7/7Q。

　　顯然，企業總是希望定位語能夠盡可能多地回答 7Q，用定位語一網打盡所有 7Q 問題，當然，好的定位和標語總是能回答多個 7Q 問題，好的定位語就是能一網打盡所有 7Q 問題的定位語。但是，實際情況是它總是無法回答所有的 7Q 問題，因此，如果沒有其他的品牌行銷活動相配合，顧客就無法得到所有 7Q 的答案，就不會作出購買決定。縱使再好的品牌定位及標語，也需要與其他品牌活動相配合，共同回答顧客的 7Q 問題，組成 7Q 品牌暢銷系統。

（三）定位就是借勢、造勢，就是少花錢、多辦事

　　定位就是借勢、造勢，借別人的勢造自己的勢。企業在定位的時候，都有哪些勢可以借呢？有三種勢可以借，它們是：

（1）顧客心智之勢；（2）競爭對手之勢；（3）企業自身歷史累積之勢。

借勢，就意味著在教育顧客、和顧客溝通的時候，可以大大節省推廣費用，所以，就是少花錢、多辦事。

其實，不只定位要借勢、造勢，所有的行銷工具和策略都應該善於借勢、造勢。

（四）怎麼尋找和確立定位

定位的尋找和確立深深扎根於對產品整體概念、顧客需求和購買行為、企業和競爭對手優勢比較、社會認知基礎等各方面的深刻理解之上。

7Q 品牌行銷系統認為尋找和確立定位，應該遵循以下三個步驟：

1. 根據顧客購買決策和消費行為分析，結合產品特性、工藝等，列出可能的定位機會點

在這裡我們再次談論複雜購買決策行為，簡單購買決策行為可以從複雜購買決策行為中得到答案。

第二章裡提及複雜購買決策行為可以分為八個步驟：需求和問題的認知、資訊蒐集、產品和品牌比較、決策、購買、消費、購買後評價、對下次購買和消費行為的回饋。在這樣一個縱向的購買決策流程裡，在每一個環節都可以進一步作一個橫斷面的展開。這一縱線、一橫面就是我們尋找定位問題的答案。在這樣的一個縱線和橫面中分布著各式各樣的痛點、興奮

點和癢點。對縱線和橫面不斷進行展開，企業獲得的潛在定位點就越多。

2. 在列出的定位機會點中，看看消費者的心理認知是否支持，看看企業是否比競爭對手更有比較優勢，看看企業的資源是否足夠支撐

把消費者具有比較好的心理認知基礎、企業有比競爭對手更好的比較優勢、企業有足夠資源支撐的定位確立下來。消費者對潛在定位的心理認知要從兩個方面去評價：

（1）該認知是否是顧客較在乎和看重的。只有消費者較在乎和看重的，才能更好地打動顧客。這就好比運動員在奧運會上奪得了冠軍，拿到了金牌。但是，同是奧運冠軍，其商業價值卻可能不一樣，甚至有著天壤之別，比如游泳冠軍的商業價值就比舉重冠軍的商業價值大。

（2）該認知是否已有較佳的社會文化基礎。因為社會文化基礎較佳的定位，消費者的二次教育成本就會低。

3. 分析已確立的定位的 7Q 屬性，用其他行銷活動補足 7Q，建立全方位回答 7Q 的品牌行銷系統

所謂分析定位的 7Q 屬性，就是分析這個定位解決了哪些 7Q 問題，在這些對應的 7Q 問題的解決強度上是否足夠。

「OOO 領導者」、「十大品牌」、「三大品牌」、「銷量連續 X 年保持第一」、「每銷售 OOO 臺，就有多少臺是 ×××」等定位語通常是在回答 4/7Q，這時需要有其他行銷工具和活動來補缺

其他 7Q，共同構成完整的 7Q 品牌行銷系統。

「保溼鎖水」和「解決和預防皮膚乾燥」是一回事嗎

對於一款化妝品的定位來說，「保溼鎖水」不就是「解決和預防皮膚乾燥」嗎？兩者不是一回事嗎？

我們要說的是，在定位上，這兩者不是一回事。雖然兩者看似是一個硬幣的兩個面，但卻是截然不一樣的兩個面。

首先，有時兩個同義詞在品牌行銷上卻有著截然相反的效果。就比如，「活著」和「不死」是同義詞，但給人的感覺還是兩樣的，「手術成功率有 50%」和「手術失敗率有 50%」也是同義詞，但給人的感覺也是不一樣的。

其次，定位的首要目的和任務是解決顧客的 1/7Q 問題，即如何更好地引起顧客的注意和記憶。而這個問題的關鍵是進入顧客某個空白的認知領域。我們就要尋找化妝品方面的空白認知領域。

顧客大腦中的認知分為以下七層領域：

（1）顧客情感領域，比如自信、相愛、奉獻、尊重、被喜愛等。

（2）顧客境況領域，比如求職境況、戀愛境況、工作境況等。

（3）顧客症狀領域，比如皮膚乾燥、皺紋等。

（4）顧客特徵領域，比如女性保溼、男性保溼等。

（5）產品功效領域，比如美白、保溼、細膩等。

（6）產品形態領域，比如產品的內在形態：保溼乳、保溼霜等，又比如產品的外在形態：藍瓶、小棕瓶、小黑瓶、圓形、方形等。

（7）產品成分領域，比如草本保溼、食材保溼、玻尿酸保溼等。

在上述七個不同層次顧客認知領域中，在產品保溼功效領域，已經擠進了大量的品牌，比如雅詩蘭黛、蘭蔻、資生堂、SK-II、DR.WU 等，後進者難以突出。而相對空白、易進入的認知領域是顧客症狀領域和產品成分領域。

在顧客症狀領域，這是一個完全空白的處女地，誰先喊出來，誰就能第一個進入顧客的空白認知區域，誰就能占領這個領域的高地，建立起在這個領域的權威，後進入者將難以撼動先入者在顧客認知中的霸主地位。同時，顧客症狀領域也更具有激發、滿足顧客需求的效果。

綜上，「保溼鎖水」和「預防和解決皮膚乾燥」在定位上不是一回事！

達美樂和必勝客披薩的特點你知道嗎

就披薩本身而言，我們可以這樣定位披薩：最美味的披薩、最新鮮的披薩、最營養的披薩、用餐環境最好的披薩、價格最實惠的披薩、來自美國的披薩、分量最足的披薩。當然，我們

也可以從產品之外尋找定位，例如達美樂的披薩定位是「最好的披薩外送公司」，而必勝客則是「歡樂吧」。

美國達美樂披薩成立於 1960 年，是世界公認的披薩外送領先者，是全球知名的連鎖披薩品牌。公司在美國和國際市場營運著由公司自營店及連鎖加盟店構成的網路。達美樂在全球 70 多個國家和地區擁有超過 15,000 家分店，在 38 個國家和地區是當地名列第一的披薩外送品牌。自 1973 年起，達美樂推出 30 分鐘內披薩送達的服務，若超過時間，顧客可免費享用，毋須支付帳單（注：在部分國家已取消此制度或以其他方式補償）。在臺灣，達美樂披薩承諾外送服務超時補贈「遲到小披薩兌換券」乙張，為臺灣消費者帶來全新的披薩消費體驗。達美樂披薩的願景和使命是：成為世界上最好的披薩外送公司。

必勝客是披薩專賣連鎖企業之一，由法蘭克·卡尼和丹·卡尼兩兄弟（Dan and Frank Carney）在 1958 年於美國堪薩斯州威奇托創立首間必勝客餐廳。它的標識特點是把屋頂作為餐廳外觀顯著標誌，這就是全世界第一家必勝客餐廳，「紅屋頂」也從此成為全球著名的、獨一無二的標記。從 1958 年到 1971 年，僅僅 13 年的時間，必勝客已經在營業額和餐廳數量方面，迅速成為全球第一的披薩連鎖餐廳企業。從此，必勝客不斷把美味的披薩帶給不同國度的消費者。1986 年，必勝客進入臺灣市場，在臺北開設了第一家臺灣分店。

必勝客的品牌定位是以美味披薩為主要食品載體的「歡樂

吧」，標語是「Pizza & More」（不僅是披薩）。2021 年 3 月，臺灣必勝客門市來到 279 家。

我們的定位和別人的一樣怎麼辦

當我們擬選擇的定位和別人的一樣時，比如說化妝品，大家是都定位於保溼時，該怎麼辦呢？我們是應該堅持這個定位呢，還是應該另作選擇？

大家可以根據以下問題作出選擇：

（1）競爭對手的定位決策作出後，是採取了市場行動，還是僅僅把定位放在了嘴巴上、鎖在了抽屜裡？

很多老闆做定位時很有動力，但做完之後，卻沒有付諸實施。如果是這樣，那麼，不管競爭對手的網站、圖冊上是如何信誓旦旦地描述自己的定位的，我們都可以不把它當回事，繼續堅持自己的定位就可以。因為競爭對手的定位是做給風投看的，是用來撐門面、趕流行的，並未認真思考定位，也不會認真執行。

（2）如果競爭對手確實打算執行此定位，那麼，繼續問：在顧客的現有認知裡，是否已經認可了競爭對手的定位了？

如果沒有，那麼，我們仍然可以堅持這個定位。

（3）誰更有比較優勢、更有資源保證去支撐這個定位，首先獲得顧客的接受和認可？

如果你沒有比較優勢，競爭對手實力更強大，比你更有資

金和資源去宣傳這個定位，那麼，你選擇和堅持這個定位就應該謹慎了，要麼你可能會為別人做了嫁衣，要麼會被認為是山寨。

當然，如果你更有比較優勢，更有資源保證，那麼，哪怕競爭對手先用了這個定位，也不可怕。記住誰先用了這個定位並不重要，消費者認知裡先接受了誰才是最重要的。所謂，起得早不重要，到得早才重要，否則就是「起了個大早，趕了個晚集」；在起跑線上起跑快固然很重要，但堅持定位，第一個到達顧客心智才是最重要的。

（4）如果競爭對手在這個定位上更有優勢，又該怎麼辦？

在這種情況，有兩種選擇：①避實就虛，為自己重新選擇新的定位。②進一步進行差異化細分定位。比如你是保溼，我就打男士保溼，你是抽油煙機第一品牌，我就是「大抽力」抽油煙機第一品牌。

大家都具有的功效，可以用來定位嗎

如果大家的產品具有相同的功效和特性，我們可不可以拿這個相同的功效和特性來進行定位呢？比如很多化妝品都具有補水保溼的功效。答案是可以的。因為定位就是相同裡面塑造不同，基於事實打造不一樣的表象。在考慮一個功效點是否可以作為一個定位考慮點時，所要考慮的是：我們的核心競爭力能否支撐它，我們是否更具說服力，我們的品牌名稱聯想是否

有利於它。

如果你的核心競爭力可以支撐保溼功效，也更具說服力，品牌名稱聯想也有利於它，顧客也在乎保溼，保溼就可以作為一個你進行定位的考慮點。

品牌行銷就是在相同裡塑造不同，實際上是否相同不重要，消費者認為你們相不相同才是最重要的。你的產品是否比別人好不重要，顧客認為你的產品比別人好才重要。在定位上，顧客只認可第一，不認可第二。

同樣，儘管所有的化妝品多少都具有保溼的功效，但消費者認為誰是保溼的，誰是保溼的第一品牌，這才是最重要的。

定位和賣點是一回事嗎

定位和賣點（買點）是一枚硬幣的兩面，在行銷上多講定位，在銷售上多講賣點。但是，它們還是有本質的不同的，這個本質的不同表現在：

對於一個產品來講，定位往往只能有一個，而賣點卻可以有很多。定位用於大規模溝通和吸引，賣點用於個性化溝通和說服。

比如人們經常說的一句有關轎車品牌定位的話：開 BMW、坐賓士、VOLVO 裡最安全。這就說明 BMW 在人們心裡的深刻印象或定位是操控和駕乘感受一流，而賓士是寬敞、舒適、高品味，VOLVO 是安全的代名詞。

所以，我們會看到 BMW 在電視上打廣告時，會突出它的駕駛操控性能，這在植入 BMW 廣告的各種好萊塢電影中表現得更為突出。而賓士、VOLVO 在電視廣告中會側重呈現舒適性、安全性。但問題是，BMW 難道就不舒服、不安全嗎？賓士就不安全、操控性能就不好嗎？ VOLVO 就不舒適、操控就不佳嗎？顯然不是這樣的。

一個顧客走進 BMW 的展廳，可能是被 BMW 的操控性廣告所吸引，但在展示中心，銷售顧問真正說服顧客購買 BMW 的理由卻可能是眾多賣點中的一個：BMW 的安全性。對於另一個消費者而言，吸引他的賣點卻又可能是「炫耀」、「紅色」。

所以，市場上會有一個定位，但銷售顧問手裡卻有很多賣點。

定位和標語的關係是什麼

標語往往是品牌定位的最直接表現，品牌定位往往首先表現在標語上，然後落實在所有的行銷活動上。

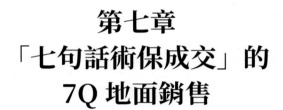

第七章
「七句話術保成交」的
7Q 地面銷售

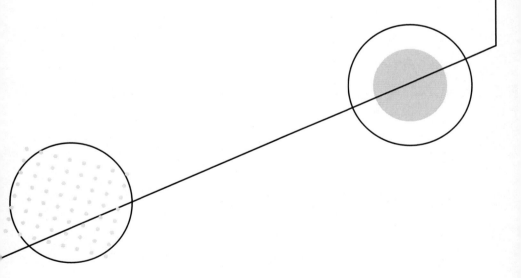

兩種銷售策略：貨架式和問診式銷售

在實際的銷售中，存在兩種銷售策略：一種是貨架式，一種是問診式。

1. 貨架式銷售

我們到超市賣場購買物品，遇到的就是貨架式銷售。銷售人員把自己能提供的所有貨品全部陳列在貨架上、櫃檯上或櫥窗裡，明碼標價，顧客需要什麼就拿什麼。它的銷售思想是，儘管我不知道誰是我的顧客，你需要什麼，但是我把我有什麼產品和它們有什麼特點廣而告之，全都告訴你。然後，誰需要，誰就來買，你自己需要什麼，你就買什麼。這種銷售策略裡，重點動作是商品陳列展示和廣而告之。

2. 問診式銷售

到醫院裡，問診買藥，遇到的就是問診式銷售。醫生首先詢問我們的症狀，然後確診我們的病因，最後為我們開藥方。開出的藥品是直接對症的藥，是滿足我們需求的產品。問診式銷售的思想是，首先找到顧客的需求是什麼，再向顧客推薦能夠滿足顧客需求的產品，在這種情況下，顧客是不會拒絕我們推薦的產品的。問診式銷售的關鍵動作是發現和明確顧客的問題與需求。

此外，貨架式銷售重視顧客的數量，問診式銷售重視顧客的品質。

本章所涉及的地面銷售指的是問診式銷售。

顧客的購買策略

（一）貨比三家

案例：貨比三家，買家成專家

1999 年，美國談判專家史蒂芬斯決定建個家庭游泳池，但他在游泳池的造價及建築品質方面是個徹頭徹尾的外行。於是，史蒂芬斯決定在報紙上登招標廣告，具體寫明了建造要求。很快 A、B、C 三位承包商前來投標，史蒂芬斯仔細看了這三張表單，發現其中差別很大。於是，史蒂芬斯決定邀請這三位承包商依次前來面談。

三位承包商如約到來。A 先生一進門就介紹自己承建的游泳池工程一向是最好的，同時，還順便告訴史蒂芬斯，B 先生通常使用陳舊的過濾網；C 先生曾經丟下許多未完的工程，現在正處於破產的邊緣。接著，史蒂芬斯又和第二個承包商 B 先生進行商談。史蒂芬斯從 B 先生那裡了解到，其他人所提供的水管都是塑膠管，只有 B 先生所提供的才是真正的合金管。最後，史蒂芬斯和第三個承包商 C 先生進行談判。C 先生告訴史蒂芬斯，其他人所使用的過濾網都是品質低劣的，並且往往不能澈底做完，拿到錢之後就不認真負責了，而自己則絕對能做到保質、保量、保工程。

結果，史蒂芬斯透過耐心傾聽和旁敲側擊的提問，弄清楚了游泳池的建築設計要求，特別是掌握了三位承包商的基本情

況：A 先生的要價最高，B 先生的建築設計品質最好，C 先生的價格最低。經過權衡利弊，史蒂芬斯最後選中了 B 先生來建造游泳池，但只給 C 先生提出的標價。

作為顧客和消費者，最厲害的購買策略就是貨比三家。其實，政府和企業在採購的時候進行公開招投標就是貨比三家的一種表現。因為顧客要貨比三家後才會決定購買，所以往往顧客接觸到的第一家產品不會成為顧客的購買對象，而只會成為顧客繼續蒐集和評價替代產品的基準和參照，顧客也往往從不同的供應商那裡逐漸獲得豐富的產品專業知識，以用來和供應商討價還價，使自己獲得最優惠的購買條件。於是，人們發現很多時候，街上的第一家服裝店不見得就是生意最好的，這是顧客需要貨比三家的原因。當然，如果顧客購買的僅是一瓶水的話，第一家店的生意就會很好。兩者的區別在於，購買服裝往往是複雜購買決策，而後者是有限理性決策。

（二）虛張聲勢

顧客常用的第二個購買策略就是虛張聲勢，簡言之，就是明明滿意反而驚訝地說不滿意，藉以獲得有利的購買條件。比如，顧客對一條自己喜歡的褲子標價 880 元已經十分滿意了，反而故意大聲地說：「你這老闆不實在，根本是把我當盤子嘛！」明明喜歡這個款式，反而故意挑出很多毛病。顧客的虛張聲勢是顧客的一種談判策略，會製造出很多虛假的異議來，如果銷售人員無法掌握顧客的真實意圖，就無法有效地進行銷售。

加快顧客作決定的進程

1. 成交要不要講求順序

案例：小鄭做銷售

小鄭是 TOYOTA 營業所的銷售顧問。一位中年男子進入營業所。小鄭上前接待。經詢問得知，這位顧客正在考慮購買一輛家用轎車，這是他第一次到汽車展示中心，TOYOTA 營業所是顧客進入的第一家店。在此情形下，小鄭還是極力試圖說服顧客選擇購買 TOYOTA 某車款，並說此時購買還會享受到一些優惠。最後，儘管小鄭已經給出了底價，顧客還是表示需要考慮一下，離開了。

前面章節講到顧客的購買行為分為八個步驟，這八個步驟基本是有先後順序的。因此，在銷售的時候，就不能越過某個購買步驟而強行把顧客的購買行為推進到購買階段。這種違反顧客購買行為的銷售活動必將以失敗而告終，即使偶然得手，成交的原因也必然與銷售行為和銷售人員技巧無關。因此，在顧客沒有明確自己需求的時候，就不要強行要求顧客購買產品，否則必然會遇到顧客諸多抗拒和異議。在顧客沒有蒐集到足夠資訊、沒有貨比三家之前，督促顧客決定購買也往往是徒然的。因此，聰明的銷售人員是步步推進顧客的購買步驟的，而不會急功近利，揠苗助長。銷售人員的關鍵工作就是運用情報工作和銷售技巧識別顧客當前處於哪個購買階段和進程，並運用銷售技巧有效推進顧客的購買進程。

當汽車銷售人員得知顧客是第一次進店而且是考察的第一家店時，這個顧客多是處於資訊蒐集階段，這時候要想成交是很難的。我們應該做的是向顧客提供品牌和車款資訊，並幫助顧客建立有利於自身品牌和車款的購買評價標準。比如，如果我們的車的最大優點是省油，那我們要引導顧客認識到在燃油經濟性、價格、服務、安全、動力、外觀等方面，應當把燃油經濟性放在第一位。當顧客貨比三家，再次回來的時候，顯然他應該處於決策階段，我們應該幫助顧客下定決心，付款取車。

2. 加速顧客購買決策

案例：王經理與速霸陸

一次，我應邀到一家銷售速霸陸汽車（SUBARU）的企業進行講課交流。交流結束後，一位王姓經理送我回家。途中閒談時，王經理問我，劉老師，你買車了嗎？我說，沒有。王經理問，你知道，買車的時候，什麼最重要嗎？我說，我不清楚，你是專家，你說說看。王經理說道，劉老師，很多人買車的時候，往往看重外觀，看重價格，看重燃油經濟性，其實，最重要的是安全，你說是嗎？我說，是啊。王經理繼續說道，安全系統分兩種，一種是被動安全系統，一種是主動安全系統。安全氣囊，以及車身採用的厚鋼板，都是被動安全，是發生事故後的亡羊補牢。真正的安全性能，是預先避險，使事故不會發生，這就是主動安全。比如速霸陸，就是最提倡主動安全的汽車品牌。

　　銷售人員雖然無法跨越顧客購買步驟，卻可以加快顧客的購買步驟，並且向有利於自己的立場來引導顧客購買行為。比如，有的銷售人員三言兩語就可以激起顧客的需要，而有的銷售人員卻總是不能引起顧客的注意和興趣，所以前者比後者更能加快顧客的購買步驟。再比如，受過訓練的手機賣場導購會詢問顧客是否知道購買手機的注意事項並主動告知有哪些注意事項。性能占優勢的手機品牌的導購會說買手機要注意三件事，分別是價格、款式、性能，其中最重要的是性能；而款式占優勢的手機品牌的導購也會說買手機要注意這三件事，但最重要的變成款式。這些導購都在引導顧客建立有利於自己的評價產品的標準。顯然，顧客樹立了什麼樣的手機評價標準，那麼誰的手機自然就會成為顧客的首選。在上述案例中，聽過我的課程後可知，顯然王經理正在試圖重建我對汽車的看法。

　　成交就是運用銷售活動不斷幫助顧客認識自己的需求，幫助顧客蒐集產品資訊，樹立起正確的評價產品的標準，協助顧客作出正確的決策，使顧客認識到什麼樣的付款方式是最有利的，教育顧客正確使用所購買的產品，強化顧客滿意度，讓顧客感受到自己作出的購買決定是正確的和明智的，下次還要購買這個產品。

7Q 卓越銷售的基礎

（一）7Q 銷售的本質

7Q 銷售認為，銷售是依賴於顧客的購買行為而存在的商業活動，銷售的本質是推進顧客購買決策過程並加快這一過程的活動。

案例：你必須先告訴我你需要什麼

我們做培訓和品牌企劃，助理經常會接到各種來訪電話。有的顧客一上來就要求我們報價，提供培訓列表或者是合作建議書。我們對助理是這樣要求的：

接到電話後，不要被顧客牽著鼻子走，因為顧客不知道我們的工作流程，顧客的問話有時是盲目的。所以，我們首先要詢問和明白顧客的需求是什麼。

這既為我們制定打動顧客的建議提供了依據，也向顧客顯示了我們的專業性。

越是想做培訓和企劃的企業，越希望我們能清楚了解他們想要什麼；我們越是要求和堅持先了解他們的需求是什麼，他們也就越覺得我們專業。如果來電者刻意迴避這個問題，要麼它不是我們的準顧客，要麼它就是同行來刺探情況的。

最後，在此再次強調：銷售的本質是推動顧客購買決策進程並加快這一進程的活動。

（二）7Q 銷售中的四次銷售

7Q 銷售認為，銷售人員在每次銷售過程中其實是包含了四次獨立的銷售或者說是說服，分別是：

（1）銷售見面。銷售人員必須成功說服顧客與他見面，或說服顧客耐心聽他電話。

（2）銷售自己。銷售人員必須成功說服顧客從他這裡購買產品而不是從競爭對手那裡購買，說服顧客信賴自己。

（3）銷售產品和服務。銷售人員必須成功說服顧客，這個產品是最適合他的產品，能夠解決顧客的問題，滿足顧客的需求，為顧客帶來他想要的好處和利益。

（4）銷售時機。銷售人員必須成功告訴顧客什麼時候是最佳的購買時機，為什麼現在購買是最佳購買時機。

因為，這四次銷售行為或者說服有其共性的方面，所以有些銷售技巧和手法是共用和相通的，比如說二擇一詢問方式，這需要大家在學習過程中加以注意和活學活用。

（三）7Q 銷售中的五大典型抗拒

與以上顧客行為相對應，在銷售中，顧客存在著五大抗拒，這是需要銷售人員去面對和解決的。這五大抗拒是：

（1）時間抗拒。比如：我現在不需要、我要考慮考慮、我沒時間、我還有重要事情要處理。

（2）需求抗拒。比如：我不需要。

（3）財務抗拒。比如：我沒有錢。

（4）權利抗拒。比如：我說了不算。

（5）滿意抗拒。比如：我親戚是做這個的、我已經有滿意的合作夥伴了、我們已經有喜歡的產品了。

能否有效化解這五大抗拒，反映了一個銷售人員 7Q 銷售素養的高低。

（四）銷售的類型和 7Q 銷售

有的銷售只要 10 秒就能完成，比如麥當勞向顧客銷售一個漢堡，而有的銷售則要很長時間才能完成，比如買賣房子。可見銷售的情況是複雜的。於是，我們把各種銷售情況進行匯總，根據它們的特點分類如下：

1. 面對最終顧客的銷售、面對中間商的銷售

在面對最終顧客的銷售情況中，顧客買回去是為了消費和使用的。而在面對中間商的銷售中，中間商買回去是為了再賣出去，為了賺錢的。因此，他們表現出了不同的購買特點，這種特點又決定了銷售行為的差異。

2. 面對個體決策的銷售、面對群體決策的銷售

前者，顧客一個人在購買中說了算。後者需要許多人共同作出決策，比如家庭購買住房，企業採購一套 ERP（enterprise resource planning，企業資源規劃）軟體等。在家庭購買住房時，丈夫、妻子、父母都可能參與進來。在企業採購一套 ERP 軟體時，老闆、採購經理、財務經理、生產經理等都可能參與進來，並不是簡單由哪一個說了算的。

3. 個體銷售、團隊銷售

銷售的整個過程分為很多步驟，如果是一個人完成全部銷售過程，則是個體銷售。如果是一個團隊共同合作完成整個銷售過程，成員只負責銷售全過程中某個環節的工作，就稱為團隊銷售，比如有的人負責電話邀約，有的人負責產品講解，有的人負責顧客關係管理，有的人負責顧客需求掌握，有的人負責售後等。

4. 消費品銷售、工業品銷售

前者是銷售消費品的，比如飲料、洗髮精等；後者是銷售工業品的，比如鋼材、醫療設備等。

5. 門市銷售、拜訪銷售

門市銷售，也稱為駐店銷售、櫃檯銷售，就是等顧客上門，顧客主動上門。拜訪銷售指的是銷售人員上門服務，主動打電話給顧客，走出去主動尋找顧客。後者的難度和辛苦度要比前者高。

6. 面對面銷售、工具性銷售

前者銷售人員和顧客面對面，後者主要是借助電話、郵件、傳真、LINE、FB、網站等實現銷售，比如電話銷售。

不同的銷售類型，在銷售技巧上有不同的側重和特點。希望讀者能夠根據不同的銷售類型活用本書中的 7Q 銷售技巧。

「坐銷」──駐店銷售的流程

（一）門市銷售、櫃檯銷售、電子商務客服都是「坐銷」

案例：簡化的門市銷售詢問

導購：小姐您好，歡迎來到 F 電器 OO 專櫃。看冰箱嗎？

顧客：是的。

導購：來 F 電器之前到過哪些店？

顧客：去過 S 百貨。

導購：看過不少品牌吧？

顧客：看了看東元和 LG 的。

導購：為什麼要買冰箱呢？

顧客：孩子結婚用。

導購：您打算選擇一款具有什麼特點的冰箱呢？

顧客：省電的、保鮮的、容量大的。

導購：您為什麼看重這幾點呢？

顧客：省電就是省錢，保鮮才有衛生。孩子結婚後，會和我們一起住，容量大一點更好。

導購：原來如此，我明白了。小姐，我跟您推薦這款冰箱。耗電量只有 0.5 度，一年就能省出花東三日遊的錢來。它擁有真空艙和零度室兩大保鮮祕密武器，超長保鮮，讓您做出來的菜久久新鮮。冰箱的容量很大，有 608 公升。很多年輕人結婚都選擇了這款冰箱，喜慶大氣。這邊還有個好消息，現在購買

送一臺洗衣機！您看您又省了買洗衣機的錢。如果您購買了這款冰箱，您媳婦之後一定會很感謝您，說您有眼光，你們婆媳的關係以後不知有多好──小姐，我們就定下這臺吧？

　　以上是某家門市銷售的例子。門市銷售、櫃檯銷售、電子商務客服等都是「坐銷」，即駐店銷售。顯然，駐店銷售的最大特點是，顧客在進門市時，來到櫃檯跟前時，在貨架前徘徊時，抑或登入電子商務平臺時，已經有了較為明確的需求。

（二）駐店銷售的流程

　　門市銷售一般遵循以下步驟（如圖 7-1 所示）：

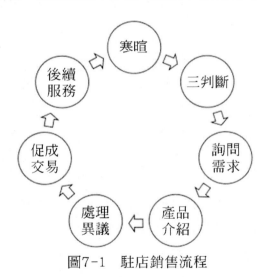

圖7-1　駐店銷售流程

1. 寒暄
顧客進門後，無論是顧客主動搭訕，還是銷售顧問進行主

動搭訕，都應該進行簡單的寒暄。此外，在接近顧客的時機上也要選擇好。通常，顧客進入門市後，銷售人員要用目光留意顧客，並跟隨顧客。當顧客用目光尋找銷售人員，示意需要幫助時，銷售人員可以走向前。當顧客腳步或目光停留在某個商品前，表示出感興趣並久久停留時，銷售人員也可以從顧客正、側面走近顧客，詢問顧客是否需要幫助。

2. 三判斷

（1）判斷顧客的溝通性格，就是看看顧客性格是怎樣的。是喜歡聽我們講，還是喜歡自己去看；是猶豫型性格，還是果斷型性格等。根據顧客的性格選擇恰當的溝通方式，才會事半功倍。

（2）判斷顧客的專業程度，即識別顧客是否是專業顧客。比如可以這樣問：先生，您是第一次購買嗎？您過去使用和購買過嗎？新手和老手在購買同一件產品時，由於對產品的知識掌握程度不一樣，所以關心點也不一樣。這就要求我們要區別對待。對於新手要多教育和引導，使用一些通俗的語言。當然，對於專業顧客，我們可以使用一些專業的術語來介紹。

（3）判斷顧客的購買進程，即識別顧客的購買階段。比如可以這樣問：先生，您看過和比較過哪些品牌了？打算什麼時候買？如果你是顧客進的第一家店、看到的第一個品牌，那麼，顧客處在資訊蒐集階段，銷售人員工作的重點應該是如何吸引顧客在看過其他店和品牌後回頭和促使顧客當下決定。如果你

是顧客進的第三家店，看到的第三個品牌，那麼顧客多處於決策階段，銷售人員的工作的重點當然是促成了。

3. 詢問需求

比如可以這樣問：先生，您打算買什麼價位的？您最看重什麼？有什麼要求？為什麼？由於門市顧客多是有相對明確需求的顧客，所以，銷售人員可以直接詢問顧客的需求以及對產品的要求。

4. 產品介紹和展示

產品介紹和展示一般遵循兩個原則：

（1）集中展示原則。根據顧客的需求，集中介紹與顧客關心點相符合的幾個產品特點，切忌漫無目的，喪失重點。

（2）遵循 7Q 銷售的介紹流程，即按照問題、對策、特色、優勢、利益、證明、價值、差異、當下、發問的順序來介紹。這個原則和流程對於商業演說和品牌文案同樣適用。

5. 處理異議

處理異議的最大原則是事前準備和「先澄清再處理」。

6. 促成交易

銷售店員要時時能識別顧客的成交訊號，步步推動成交。

7. 後續服務和二次銷售

要讓顧客滿意，只有好的產品是不行的，還必須有好的服務。如果顧客滿意，我們就可以時時進行二次銷售，包括重複購買、擴大購買、推薦新顧客等。

第七章 「七句話術保成交」的 7Q 地面銷售

案例：某品牌企劃公司電話接聽人員工作規範

1. 工作要點

（1）判斷來電來訪顧客是否為準顧客

① 詢問顧客是從什麼管道知道公司的；

② 想做什麼業務，做這項業務的目的是什麼，初步掌握顧客需求；

③ 詢問顧客的行業和產品、銷售額、人員規模，把銷售額超過 1,000 萬、員工人數超過 50 人（僅供參考，請靈活把握）的顧客適時導向品牌診斷和企劃，非標準合格顧客直接進入篩選問句（比如，「這個案子至少需要 60 萬的投入，企業能接受嗎」或類似問句）；

④ 詢問顧客需求的迫切程度，打算在什麼時間做；

⑤ 詢問顧客是否有預算和能接受的心理價位是多少，是否接觸過設計和企劃公司以及接觸過哪些設計和企劃公司，過去是否做過相似的業務，是哪一年在哪間公司以什麼價格做的。

（2）塑造公司、品牌顧問團隊、首席顧問的價值，讓顧客形成期待

① OO 公司已經成立八年；

② OO（公司名）獨有和專業的觀點工具及模型；

③ 首席顧問介紹；

④ 公司和顧問曾經服務過的有代表性的企業顧客名稱；

⑤ 邀請顧客到公司網站或到 Google 搜尋查看公司和品牌

顧問的宣傳影片短片和簡介、觀點、文章等。

（3）電話轉接到企劃專家（初級品牌企劃助理需要此步驟，高級品牌企劃助理不需要此步驟）

（4）安排品牌顧問與企業決策層會面

① 一定堅持要企業決策人和品牌顧問會面；

② 行銷人員安排顧客和品牌顧問面談後，建議書和合作協議由品牌企劃部製作。

綜上，行銷人員的四項工作是：判斷顧客標準、調查顧客需求、塑造顧問價值、安排雙方見面。

2. 標準詞

（1）您好，這裡是 OO 品牌企劃機構，我是企劃助理小林。請問您要做行銷／品牌企劃，是嗎？

（2）是的，我需要做行銷企劃。

（3）好的。能說詳細點嗎？

（4）我們公司有個產品要上市，需要做一個從包裝到上市推廣的企劃。

（5）好的。請允許我先把 OO 品牌企劃機構簡單向您作一番介紹。OO 成立於 2003 年，歷經十幾年的風雨成長，已經是臺中乃至臺灣領先的品牌和行銷企劃機構，成功服務 200 多家企業，既包括行業翹楚，也包括快速成長的未來行業之星，這些優秀的行業企業代表分別有……為了更妥善地服務貴公司，我可以問您幾個問題，了解一下相關基本情況嗎？

(6) 好的。

(7) 請問貴公司名稱是？

(8) OO 藥業。

(9) 公司一年營業額大約是多少？

(10) 新臺幣 1.2 億元。

(11) 現有多少員工？

(12) 500 人。

(13) 公司的產品是什麼？品牌叫什麼？

(14) 產品是 OO，品牌名為 OOO。

(15) 請問我們打算什麼時候開始這個企劃？

(16) 9 月。

(17) 請問貴公司在臺中嗎？

(18) 在臺中（則邀請其到公司來面談）。／不在臺中。

(19) 好的。我會把相關資訊傳達給品牌企劃顧問，他會和您聯絡。那麼，請問先生貴姓？

(20) 我姓李。

(21) 全名如何寫呢？

(22) 李思成。

(23) 那李老師，請問您是李總嗎？

(24) 不是。

(25) 那您在什麼部門，負責什麼工作，職務是什麼？方便告訴我嗎？這方便我們之後的溝通。

（26）行銷部，業務工作。

（27）好的。企劃這項工作是由您全權負責嗎？

（28）是／不是的，我要向總經理匯報。

（29）最後一個問題，有時我們未必適合貴公司，為顧客考慮，我們會建議顧客多找幾家企劃公司作比較。請問貴公司還找過哪些公司進行了解？

（30）OOO 公司。

（31）好的，我已把您的需求記錄下來，我會轉給企劃經理，他會及時和您聯絡，並解答您的疑問。

對於無法順利進行以上對話的顧客，請顧客填寫顧客需求調查表。對於不願填寫顧客需求調查表的顧客直接放棄。電話接聽人員可根據自己的實際情況靈活運用標準詞。

顧客的抗拒在銷售的每一個步驟和環節上都可能發生。因此，在每一個環節我們都要尋求有效處理拒絕和異議的方法。不僅顧客會拒絕我們，其實我們也會拒絕顧客。有效處理異議和善於放棄，反映了一個銷售人員的素養高低。

「行銷」──B2B 大客戶銷售流程

（一）B2B 銷售、工業品銷售、大客戶銷售、拜訪式銷售及其特點

B2B（business-to-business，企業對企業）銷售

（organizational marketing，組織行銷）、工業品銷售（中間財銷售；中間財，intermediate goods）、大客戶銷售、拜訪式銷售，這四種銷售雖然名稱上不一樣，內涵、外延也有所不同，但是，這四種銷售的核心流程和技巧是一樣的，或者說三個名詞是從不同角度定義了一個類型的銷售。B2B 銷售，強調了銷售的參與方是組織而不是個人，以區別於個體消費者的銷售；工業品銷售，強調銷售的產品是工業品而不是個人消費品，以區別於牙膏、手機等消費品銷售；大客戶銷售，強調少數客戶對整體銷售額的占比，以區別於零散性銷售；拜訪式銷售，強調銷售的形式是主動拜訪而不是坐等顧客上門，以區別於駐店櫃檯式銷售。

這些銷售的最基本特點有三個：

（1）面對的往往是一個購買決策團隊，而不是一個個體。

（2）面對的銷售對象往往是具有專業知識的買家。

（3）對專業買家的溝通往往是深度溝通，而不是淺層溝通。

（二）B2B 大客戶銷售的專業流程

B2B 大客戶銷售及拜訪式銷售的流程分為八個步驟（如圖 7-2 所示）：

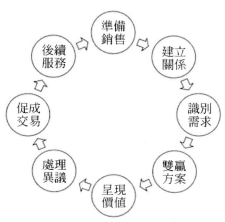

圖7-2 B2B大客戶專業化銷售流程

1. 準備銷售

銷售前準備包括：①資訊準備；②心理準備；③儀表準備；④銷售工具準備；⑤客戶名單準備。資訊準備包括一般顧客行為、競爭對手、行業狀況、企業和產品等資訊。

2. 接近顧客，建立關係

初次接洽及拜訪顧客，目的是與顧客建立融洽和信賴的關係，發展線人和同盟，初步判斷客戶屬性，主要的溝通工具是面對面訪問、電話、傳真、信函等。

3. 識別顧客問題，激發顧客需求

這是銷售的關鍵環節，主要判斷顧客需求的緊迫性、預算大小，了解決策團隊、決策流程，幫助顧客建立正確的購買標準等。

4. 需求導向，建立雙贏目標和方案

根據顧客需求，判斷己方產品能否滿足對方需求，建立解決服務方案、企劃銷售團隊和後續銷售策略。

5. 呈現價值

呈現價值，也叫產品展示和說明、專業化商務方案展示。其目的是向顧客說明產品是如何滿足顧客需求的，與競爭對手相比優勢在哪裡，並報價。

6. 處理障礙點

當顧客提出自己的異議的時候，銷售顧問能夠給予專業的解答。異議是好事，異議是客戶內心的展現，這更便於我們發現障礙點，解決障礙點。

7. 促成交易

一手交錢，一手交貨，銷售人員和顧客皆大歡喜。

8. 後續服務與再次銷售

透過後續服務讓顧客獲得良好的體驗，提高滿意度，與顧客建立良好關係，並維護關係；適時引導顧客進行再次購買。優秀的銷售人員重視售後服務，在他們眼裡這才是銷售的開始。

在建立關係和識別問題階段可以多問、多聽，在產品展示和說明階段可以多說。當然，我們提供的這個流程僅是參考，是你思考的起點，而不要拘泥於此。我們真心希望，經過融會貫通之後，你能根據自身和行業的特點設計出屬於自己的三步驟、六步驟或者九步驟的銷售流程，只要你喜歡和有效。

（三）沒有空軍支援的陸軍是悲慘的——工業品品牌行銷的七件事

企業大客戶銷售顧問雖然可以用專業的銷售流程和技巧去說服和打動客戶，但是，如果競爭對手有品牌行銷去支撐地面銷售，而自己的企業沒有，可以想像自己的必然會遇到更多的困難和挑戰。美國的陸軍並不一定是強大的，但有了美國空軍的支持，美國的陸軍一定是強大的。英特爾（Intel）是微處理器行業無可置疑的龍頭，即使現在，英特爾也沒有放棄這樣的品牌動作：每臺電腦上都有「Intel Inside」這個標誌，即使英特爾要為此付每臺電腦廣告費。IBM 有專業的銷售流程，亦堅持在電視媒體投放品牌廣告，舉辦各種論壇。所以，工業品一定要為地面銷售提供空中火力支援。但是，如何做呢？關鍵是做好工業品品牌行銷的七件事。

（1）產品定位和標語。這個世界沒有完美的產品，打動消費者不是因為你完美，而是因為儘管你有缺點，但是你更有一個動人的優點！這就需要工業品的產品定位和標語去呈現。

（2）專業的商務展示。所有面對客戶的人員都必須以專業的形象示人，並且能夠作 30 分鐘的專業商務演講和展示。

（3）標誌性活動。一個品牌必須有一個標誌性的活動。針對專業買家舉辦的專業賽事，可以有效樹立品牌在專業買家和潛在客戶心目中的地位。

（4）高級論壇。高級論壇可以樹立品牌高度。

（5）犯一次錯。只有犯一次錯，才能讓別人看到您的品格！

（6）搶占網路。專業人員獲取專業知識的重要途徑就是網路。

（7）打一點廣告。

工業品的品牌行銷如果做好這七件事再加上七句保成交，您的產品不暢銷都難！

銷售流程中的話術設計──「七句保成交」

（一）原理和示例

銷售話術是指銷售人員在進行銷售工作時的用語，特指經過精心設計的專業銷售用語範本。話術在銷售人員的銷售工作中的重要性毋庸置疑，好的銷售話術既可以大幅度提高成交率，同時，標準化的銷售話術在培養新入行的銷售人員、讓新入行的銷售人員快速成長等方面也發揮著不可磨滅的作用。優秀的銷售話術既是對以往各種銷售用語的提煉和昇華，也是經驗和教訓的總結，更是基於專業的銷售理念和系統的專業的設計。銷售人員對銷售話術的設計要求一般就是兩個：①有效，即話術可以說服顧客購買，同時，也可以有效提升成交率；②精簡，即希望用最少的話術來說服顧客購買，提升成交率，因為話術越少，意味著越容易被記憶和運用。基於 7Q 行銷想法設計的銷售話術就是十分有效、精簡的話術，它可以幫助銷售人

員用七句話有效成交每一個客戶。

那麼，應該如何設計「七句保成交」的話術呢？讓我們再次回到 7Q：

（1）我為什麼要聽你講？要見你？（在行銷層面，這個問題的表達式是：我為什麼要注意到你？）

（2）這是什麼？

（3）關我什麼事？

（4）我為什麼要相信你？

（5）值得嗎？

（6）我為什麼要從你這裡買？

（7）我為什麼現在就要買？

當企業在做銷售的時候（無論是面對面的，還是透過電話、LINE、FB、郵件等），我們是在特定的時間裡面對一個個具體的客戶。這個時候，我們的銷售話術必須具有很強的條理性才能更好地被顧客理解，並打動顧客。而最好的條理性呈現莫過於每一個 7Q 問題分別用一句話來對應和解答。

那麼，如何針對 7Q 進行有效的銷售話術設計呢？就是要根據客戶的具體情況各用一句話回答顧客的每一個 7Q 問題，從而條理清晰、層次鮮明、步步推進地引導顧客獲得他心中這七個問題的答案，從而最後成交，這就叫「七句保成交」。當然，話術必須是基於銷售工具和技巧來設計和使用的（如表 7-1 所示）。

表 7-1 銷售工具與 7Q 對應簡表

序號	7Q	銷售活動和工具	
1	我為什麼要聽你講、要見你	銷售動作的價值塑造	顧客特徵分析、顧客需求分析、競爭分析、二擇一法、問話技巧、差異塑造
2	這是什麼	產品刻劃和創意、符合顧客需求的產品特點介紹	
3	關我什麼	顧客需求和利益分析與引導、FAB、購買標準建立	
4	我為什麼要相信你	品牌策略、證明、背書、顧客關係管理和售後服務、銷售人員個人價值塑造	
5	值得嗎	價值塑造、價格表達、降價及價格變動與表現、價格比較、投入產出分析	
6	我為什麼要在你這裡買	競爭者分析、通路建設和中間商自我價值塑造、產品增值服務計畫、銷售人員及個人價值塑造	
7	我為什麼現在就要買	SPIN、境況性購買、節日消費、應季（換季）、衝動性購買、限時、限量、限款、門市促銷活動	

　　凱迪拉克（Cadillac）是知名豪華車品牌，我們先來看一下國外一家凱迪拉克展示中心是如何設計「七句保成交」的銷售話術的——七句話，每一句話對應並解決一個 7Q 問題。

（1）我為什麼要聽你講？

先生，路上辛苦了，先坐下喝杯飲料吧。請問買車時您比較注意車的哪些方面呢？

說明：此處重點是引導顧客耐心配合你接下來的工作，即顧客的需求調查。

（2）這是什麼？

先生，凱迪拉克是全世界最安全的車。

說明：顧客在意什麼，我的車就是什麼。

（3）關我什麼事？

先生，如果您選擇了凱迪拉克，您的生意夥伴肯定認為您很有實力和品味，助您事業更上一層樓。

說明：符合顧客的需求。

（4）我為什麼相信你？

先生，凱迪拉克是美國總統的座駕，美國總統都信賴的車，還有什麼值得您懷疑和顧慮的嗎？

說明：銷售是信心的傳遞、情緒的轉移。此時，說話的信心和情緒很重要！

（5）值得嗎？

先生，同樣配備的車，我們比同品牌優惠了 15 萬，省下的錢還可以來一趟家族旅行！

說明：在此處，與競爭對手進行比較、與收益進行比較，是關鍵！

（6）我為什麼要從你這裡買？

先生，買車不僅要看價格，更要看售後服務，我們是凱迪拉克的標竿店，核心技師都是金牌技師，讓您的愛車售後無憂！有些新成立的店，價格或許會便宜幾千塊，但是，售後服務卻沒有保障！

說明：要突出自己的優勢，直擊對手的弱點！

（7）我為什麼現在就要買？

先生，福人有福氣，您來得真是太巧了，我們最近剛好有個團購活動，如果您今天參加這個團購活動，可以送您免費保養三次，這可為您省下不少錢呢！先生，為了保留這個團購名額，您是要用現金付定金呢？還是刷卡付定金呢？

說明：差異就是價值，價值源於差異，同時，二擇一法此時可以用！

（二）「七句保成交」話術設計注意事項

設計基於 7Q 的七句保成交的銷售話術時，一定要注意以下事項：

（1）七句保成交的前提仍然是基於對客戶個性特徵和個性需求的了解和分析。這就是說，我們需要針對不同的顧客和顧客的不同需求分別進行有針對性的「七句保成交」的話術設計。比如，繼續接上面的凱迪拉克案例，針對企業家客戶，要有針對企業家的 3/7Q 的設計；針對白領，要有針對白領的 3/7Q 的設計；針對安全的需求，要有針對安全的相應的 2/7Q 的設計；針對低

用車成本或舒適奢華的需求，也要有相對應的 2/7Q 的設計。

（2）廣義的系統的話術設計不僅包括銷售用語，還包括對各種銷售物料的開發和利用。比如，把喜愛凱迪拉克座駕的明星照片放在展廳裡，並引導顧客關注這組照片，這是針對 4/7Q 的有效應對之一。

（3）要把七句保成交話術設計和銷售流程設計結合起來。

（三）運用「七句保成交」話術時應當遵循的策略

「七句保成交」的本質是條理清晰、層次分明、步步推進、揚長避短地回答顧客最關心的 7Q 問題，在具體運用「七句保成交」的銷售話術時應當遵循以下策略：

（1）向客戶完整講述一遍「七句保成交」的話術。

（2）對於客戶提出的任何一個疑問，首先要把它進行 7Q 問題歸類，看看這是針對哪個 7Q 的問題。比如，接凱迪拉克的例子，顧客問「這個品牌車的市場占有率高嗎？在本地銷得多嗎？」這些問題可以歸於 4/7Q，即顧客對品牌的信任度還有疑慮，他或許認為市場占有率高的品牌才是更值得信賴的品牌。這個問題對於賓士來說不是問題，但對於凱迪拉克來說就是個問題，需要銷售人員進行有效的應對。

（3）針對客戶的任何一個疑問，一定要自信、耐心地重複「七句保成交」的話術中相對應的話術。即顧客關心的不是自己的問題是否被正面答覆了，而是這個問題背後隱藏的那個 7Q 問題是否被正面答覆了。比如，繼續接凱迪拉克的例子，銷售

顧問詢問「先生，您問這個問題是不是對產品的品質還有點不放心啊？」確定後，可以重複對應的 4/7Q 的話術來解決這個問題，即「先生，凱迪拉克是美國總統的座駕，美國總統都信賴的車，還有什麼值得您懷疑和顧慮的嗎？」

打造你的個人銷售系統——成功銷售的七種力量

在不考慮公司和行業的情況下，影響一名銷售人員最終業績表現的因素可以歸結為七種力量（包括了銷售技巧），分別是：

1. 個人人際技巧

個人人際技巧可以是酒量大小、唱歌水準高低、熱情與否、經常微笑讚美等。在一些行業，酒量大的更容易和顧客建立良好的關係，業績自然就高一點，同樣，顧客也更願意和唱歌好聽的人去 KTV。銷售大師喬‧吉拉德說：「面帶微笑是成功的第一步，甚至是關鍵的一步。」對此話我是頗為認同的。

2. 個人銷售技巧

學習和懂得銷售技巧的人能夠更好地在產品和顧客的需求間建立聯繫，把產品轉化為顧客的需求，業績自然就高。那些在產品介紹中始終抓不到重點的人，業績自然落後。

3. 個人形象儀表

大家都愛看帥哥美女，我也一樣，顧客也是一樣。形象氣質好的更受顧客歡迎，身材高的也更容易贏得顧客的尊重和信賴。在去見顧客之前好好整理一下自己的儀表，無疑會在顧客

面前贏得更高的評價，這會為銷售加分。

4. 個人品格

可以騙人一時，不能騙人一世。在強調反覆消費和購買的銷售中，口碑無疑是重要的，個人的品格更是最重要的。誠實守信會讓你的業績蒸蒸日上，否則，業務會越做越窄。

此外，超強的行動力，勤懇耐勞，堅持不懈，也是一個重要的品格。比如，我們經常發現一個看似毫無潛力的人竟然靠著不斷拜訪顧客而獲得成功。顯然，你一天拜訪 4 個顧客，我一天拜訪 20 個顧客，你手裡的名單有 10 個顧客，我的名單上有 100 個顧客，那麼我的量一定會為我帶來質的變化，即使你比我會唱歌會喝酒——這都是勤勞的兩條腿帶來的區別。

5. 個人資源

如果有親友在政府部門擔任要職，自然就比別人更容易做銷售。如果你的同學現在是鴻海的總經理，你要賣一個課程給鴻海自然就容易點。人脈是個人資源的重要層面之一，人脈就是錢，是有一定道理的。

6. 專業知識，包括行業知識等

成為某個領域的專家，顧客就會對你多一分信服，業績自然就會高人一等。銷售汽車卻不知道汽車的構造，銷售化妝品卻不知道美容知識，自然會失信於顧客。

7. 個人行動力和意志力

再好的策略和素養，如果沒有執行，也不會有結果。

由上可見，銷售成功不僅是銷售技巧的結果，它是七種銷售力量綜合疊加的結果。於是，我們發現有的人酒量大成了銷售冠軍，有的人形象氣質好成了銷售冠軍，有的人口碑好成了銷售冠軍，有的人人脈廣成了銷售冠軍。這麼說，生活中看到這些人成為銷售冠軍也就不奇怪了。既然銷售技巧只是七種力量中的一種，是不是就不重要了呢？肯定不是的。個人形象、個人資源和人際技巧這三種力量，我們可以部分透過後天的學習來改變，而銷售技巧和專業知識、個人人品卻是百分百後天努力的結果。因此，提高銷售技巧可以快速提升一個人的銷售業績。尤其當我們在其他方面處於劣勢時，提高銷售技巧、專業知識和個人人品就是我們明智的選擇。任何人都可以透過銷售技巧的提升來獲得銷售業績，即使是一毛不拔、不通世故的「小氣鬼」也能成為銷售冠軍。請看案例。

案例：不喝酒的銷售冠軍

我的一名學生畢業後到了一家化肥製造企業，從事複合肥料、控釋肥料、綠色生態肥料等農業肥料的銷售工作，分別負責南部地區一個縣市的銷售。為了做好銷售，他還特地買了一輛摩托車，往返於鄉鎮田間。這名學生一直給我留下不抽菸、不喝酒、言談不多的印象。後來，他返校遇見我，說起了他的近況。

他充滿自信地說：「劉老師，幸好當初學習了您的銷售課程，讓我找到了自己的位置和與別人競爭的優勢。非常感謝

您。」後來，知道最近半年來他一直是公司的銷售冠軍，深受主管器重。

「說說看，你是怎麼做到的呢？」

「做化肥銷售，爭取到經銷商的支持是關鍵。追著經銷商做銷售，陪酒、陪唱不是本事，即使做成了，也是低層次的銷售。我要讓經銷商來追著我做銷售，讓經銷商認為我是他們的貴人，這才是高雅的銷售。經銷商的最終目的就是賺錢，賺更多的錢，輕鬆去賺更多的錢。所以，我的重點是抓經銷商的顧客，也就是農夫。其實，我去經銷商那裡的時間比較少，基本都是在田裡和農夫打交道，取土樣，拿回公司做土壤分析。然後，根據結果客製肥料。拿著檢測結果，農夫們就都被我說服了，要想增產增收，就要根據土壤性質來施肥。結果，他們紛紛到鎮上詢問有沒有我這個品牌的肥料。問得多了，經銷商發現客戶認我這個牌子，就紛紛找我訂購。其他地區都是先取貨後付款，我這是先付款後取貨。劉老師，我不喝酒也成了銷售冠軍，高雅地做銷售，還要多謝謝您啊。」

世界上沒有全能的人，你我都有優點，同時也有缺點，我們也都面臨同樣的選擇：是選擇揚長避短，還是選擇取長補短？我推薦的選擇是你自己要揚長避短，讓團隊來替你取長補短。所以，成功的關鍵往往不是做好銷售的每一個環節，取得每一種銷售力量，而是結合自身的優勢在一個銷售環節、一種銷售力量上打造屬於自己的核心競爭力。

7Q 銷售的十二句祕笈

7Q 銷售的十二句祕笈是：

(1) 找對人，做對事，說對話。

(2) 見人說人話，見鬼說鬼話，見到神仙不說話。

(3) 未見面時說神話，見到面時說實話。

(4) 銷售是信心的傳遞，情緒的轉移。

(5) 銷售始於拒絕，更始於服務。

(6) 銷售是快速推動顧客購買進程。

(7) 見面三分情（勤拜訪、勤追蹤、勤總結）。

(8) 你銷售的永遠不是產品，也不僅僅是產品。

(9) 客戶是要求出來的。

(10) 顧客要什麼，我們就是什麼；顧客要什麼，我們就有什麼；如果確實沒有，我們有什麼，就讓顧客要什麼。

(11) 堅持按流程做事。

(12) 不做準備，就準備接受失敗。

關於這十二句祕笈，我希望在將來可以透過新的著作向大家作進一步的闡述。

第八章
FB、LINE 等網路工具的 7Q 屬性

為什麼說網路和小眾行銷是中小企業 PK 大品牌的利器

在過去，中小企業和大型企業在行銷推廣資金的投入能力上存在著天然的差距，前者有著巧婦難為無米之炊的感慨，後者有著財大氣粗、有錢無處花的豪情。同時，傳統媒體投放模式（如電視廣告、明星代言等）也對資金的投放提出了很高的要求，這種高要求顯然對於大型企業是有利的。所以，這種推廣資金的差距進而帶來了市場影響力上的差距。再加上中小企業缺乏先進品牌行銷思想的指導，單純依靠「亮劍」的精神和勤勞的特質，這就進一步拉開了與大品牌的差距。

不過，現在中小企業有機會和大品牌站在同一條起跑線上公平競爭了，這要感謝網路和新媒體的發展大大縮小了行銷傳播對資源的要求。行動網路和電腦網路的發展，大大降低了企業在行銷推廣資金上的要求。肯德基和小炸雞店做網路行銷的資金要求基本沒有差異。因此，中小企業不再有做推廣時的資金匱乏感，從此和大企業可以在同一個起跑點上競爭。

未來，會有更多的企業資源競爭轉移到企業策略的競爭上。同時，7Q 等先進行銷思想和工具的傳播，使中小企業可以透過良好的產品定位和標語的設計來抹殺大企業在類別上所具有的先天規模優勢。因此，只要中小企業抓住新技術所提供的歷史機遇，參透 7Q，善用 7Q，並堅持不懈，就一定能很好地

PK 一番大企業，並實現彎道超越！

大單品、減法和網路

　　企業擴大銷售額可以有兩種發展途徑：一是做加法，在原有地域市場上，不斷推出新單品；二是做減法，做大單品，集中精力把暢銷單品由地方推到全國。在未來，借助網路將有更多企業做減法、做大單品！

　　專業化是市場經濟的內在要求之一，聚焦單品就是專業化的一種展現，而在資訊社會的大發展下，企業可以借由網路等新媒體以及傳統媒體讓產品和品牌利益在極短的時間內占領全國消費者的心智。因此，在這種情況下，專業化和聚焦單品而帶來的優勢已經遠遠高於區域市場推出多品項而帶來的優勢，這種優勢在顧客購買風險低的行業（比如飲料）會表現得更為明顯。因此，可以說是資訊社會的大發展、國外市場的大容量成就了大單品，也會成就更多的大單品。同時，消費者在購買時有在品牌間比較的內在需求，有比較才有好壞，才有選擇，才知道自己選的那個品牌好在哪裡，自己為什麼喜歡和選擇那個品牌。因此，大單品下必然會有兩個或三個的主力品牌存在，這既滿足顧客的選擇需求，也必然吸引更多顧客注意這個大單品。

　　今天，除了即時消費產品、生鮮食品、到場服務等少數行業和產品外，實體物流的不斷完善，網路的進一步發展，為企

業做減法、做大單品提供了更好的歷史機遇。因為網路突破時空的特點，為一個好的單品推向全國提供了低成本的最佳溝通平臺和售賣平臺。

網路行銷的核心是注意力和信任度（1/7Q 和 4/7Q）

網路按設備可以分為電腦網路和手機行動網路，按行銷作用可以分為購物平臺（比如 momo、具有購物功能的官網）和資訊平臺（比如 Yahoo），按溝通性質可以分為主動發布平臺（比如蝦皮）和被動搜尋平臺（比如 Google）。

網路行銷可以從三個角度去認識：載體、形式、工具。

1. 載體

載體包括：圖片、文字、影片、軟體（如遊戲）。

2. 形式

形式包括：業配文、新聞、廣告。

3. 工具

工具包括以下這些（第四章有稍微提過）：

（1）購物平臺站內搜尋引擎優化，比如蝦皮、momo、露天。

（2）通用搜尋引擎優化，與站內搜尋對應，也被稱為站外搜尋引擎優化，包括 Google、Yahoo、DuckDuckGo、Ask 等等。

（3）論壇、問答，比如批踢踢、Dcard、Reddit、Quora 等。

（4）垂直網站，比如 8891 汽車交易網、MoneyDJ 理財網、591 租屋網。

（5）綜合網站，如 PChome、Mobile01、蕃薯藤等。

（6）影片網站，比如 YouTube、Vimeo 等。

（7）其他。

下面，來看一下網路行銷工具的 7Q 屬性，即這些工具在哪個 7Q 上具有先天的優勢（如表 8-1 所示）。

表 8-1 網路工具的 7Q 屬性分析

7Q	網路工具	1/7Q	2/7Q	3/7Q	4/7Q	5/7Q	6/7Q	7/7Q
1	通用搜尋引擎（站外搜索引擎）	■						
2	購物平臺站內搜尋引擎	■			■			
3	論壇、問答				■			
4	品牌官網				■			
5	LINE				■			
6	Facebook	■						
7	垂直網站				■			
8	綜合網站	■			■			
9	影音網站	■						
10	電子郵件	■						

| 11 | WhatsApp | ■ | | | | | | |
| 12 | 軟體 App | ■ | | | | | | |

注：工具在哪個 7Q 上有突出優勢就在哪個對應框裡打
「■」。

網路的最大優勢是資訊傳播突破了時空限制，劣勢是：

（1）購物時的信任度要低於「眼見為實、一手錢一手貨」的
傳統實體；

（2）資訊爆炸，網路的海量資訊使企業資訊難以跳出。

因此，結合上表中網路工具的 7Q 屬性，網路行銷區別於
傳統行銷的核心和關鍵就是注意力和信任，即 1/7Q 和 4/7Q。
換句話說，在解決 2/7Q、3/7Q、5/7Q、6/7Q、7/7Q 上，網路
行銷和傳統行銷沒有區別；在策略上解決 2/7Q、3/7Q、5/7Q、
6/7Q、7/7Q 之後，所有資源都應該投放到做 1/7Q 和 4/7Q 上。

網路行銷的兩大趨勢：發展粉絲、老顧客推薦

一個人本身可以既是購買者，又是銷售者。比如你可能是
東元家電的銷售員，又是華碩手機的顧客。現在，網路溝通
平臺技術和售賣平臺技術的發展，可以讓你既是某個產品的消
費者，同時也是這個產品的售賣者。當然，其關鍵除了技術
外，更重要的是分享機制和產品口碑。LINE Points 就是這樣
的產物。

FB 為發展和聚集粉絲提供了平臺，粉絲經濟大行其道。

LINE 等平臺為老顧客口碑推薦（消費和售賣身分二合一）提供了技術支持。所以，這兩個行銷趨勢是行銷者應該注意的。

第八章　FB、LINE 等網路工具的 7Q 屬性

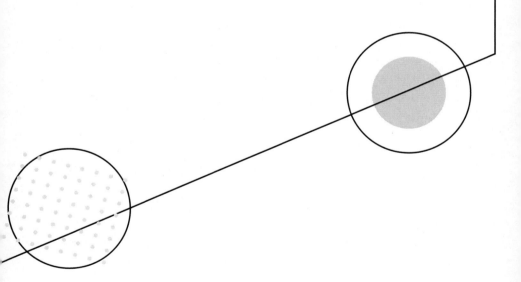

第九章
製造差異化、創造附加值、輸出價值觀和建立購買標準

製造差異化、創造附加值

沒有差異化就沒有區隔性，沒有區隔性就只剩價格一個武器了。製造差異化、創造附加值已經成為品牌競爭的一個利器。我們在 6/7Q 中已經接觸過差異化，我們在這裡再作一個更深入的探討。

製造差異化、創造附加值可以從以下幾個角度去考慮：

（1）首先從產品的裡裡外外等物理特性上去找。比如：海倫仙度絲去屑洗髮乳，富含「活性鋅優質礦物質配方」，幫助從根本上減少頭皮屑。

（2）從顧客可得價值和顧客整體解決方案上，尋找和製造差異點。比如：瓦城以「真心為你」創造顧客心中最好的餐廳。

（3）從產品生產到顧客購買、消費整個鏈條上，尋找和製造差異點。比如：「先扭一扭，舔一舔，再泡一泡」（Twist, lick and dunk），只有 Oreo ！

（4）製造產品情感特性差異。比如：愛迪達，「沒有不可能」（Impossible is Nothing）；OO（品牌名），「只為 OOO（目標族群）擁有」！

（5）讓顧客更信任，讓顧客更少風險。比如：「OO 天無理由退貨」。

（6）更貼近需求，更貼近顧客個性特徵。比如：好自在（Whisper），「更乾、更爽、更安心」。

（7）價格更低，價值更高。比如：來全聯，「方便又省錢」！

（8）比競爭對手先出手，塑造感知的差異化。即使你的產品和競爭對手的產品相同也沒有關係，你只要率先突出，顧客就會認為你們不同。企劃的價值，就是把相同的產品賣出不同，把不同的產品賣得更有價值。

關於差異化和定位的聯繫和區別，我們在這裡作一簡單解釋：差異化和定位都包含塑造「不同」的意思，但是，7Q 中的差異化是尋找與眾不同的價值，而定位更多的是為了讓顧客記憶而進行的與眾不同的傳播。它們的表現形式、手法有時一樣，但目的、指向卻可能不同。比如，感冒用斯斯。這被稱為定位，而不會被稱為差異化、附加值，因為斯斯會加深顧客的記憶和區隔，通常不會成為顧客選擇的依據。

鑽石恆久遠，一顆永留傳

鑽石是一種由碳元素組成的等軸（立方）晶系天然礦物，是在地球深部高壓、高溫條件下形成的一種由碳元素組成的純物質晶體，其天然礦物稱為金剛石。據說，西元前 800 年左右，印度最早發現鑽石。目前，鑽石按功用分有工業鑽和首飾鑽，按來源分有天然和人造兩種。

鑽石的硬度是天然礦石中最高的。硬度高這一特性讓天然鑽石在工業上有所應用，但是，1955 年，奇異（GE）透過高溫高壓實現了鑽石的人工製造，成本也越來越低。此後，天然鑽石的工業價值越來越小。現在，人們講鑽石，一般指的都是天

然首飾鑽。

　　現在，鑽石作為愛情的承諾和見證，成為求婚嫁娶必不可少的物件，其趨勢超越黃金、翡翠、寶石，為什麼？

　　是因為稀有？為什麼蘊藏量比鑽石更為稀的藍寶石、紅寶石和綠寶石沒有成為愛情的見證和承諾？

　　是因為保值、增值？鑽石並不能像黃金一樣變成有規模的交易市場隨時套現。

　　是因為美麗、浪漫、吉祥的寓意？在東亞，翡翠的地位要更高。

　　可以持久保存？黃金、水晶、翡翠、藍寶石，哪個不能持久保存，本色恆久？

　　其實，無論是在美國還是在臺灣，鑽石都作為愛情的見證與承諾，成為求婚嫁娶必不可少的物件，並大肆流行。這要歸功於鑽石大鱷戴比爾斯，因為戴比爾斯做了兩件事：

　　（1）輸入了基於鑽石的愛情價值觀。

　　（2）建立了鑽石的標準。

　　鑽石作為首飾，早期是作為皇室權貴的象徵，並未和愛情緊密相連。據說，西元 1477 年，奧地利王子馬克西米利安一世愛上勃艮第公國的瑪麗公主，並送上一只鑽戒表達愛意。自此，鑽戒開始和愛情結緣。但是，鑽石仍然不是求婚的必備物件。來看看戴比爾斯是如何做到的。

　　戴比爾斯是鑽石屆傳奇品牌。西元 1888 年，戴比爾斯聯合

礦業公司 （De Beers Consolidated Mines）因此成立，開啟了鑽石業界的品牌傳奇。

1939 年，戴比爾斯公司意識到鑽石報告書對於顧客了解鑽石特徵、選擇鑽石的重要性。於是，戴比爾斯向大眾引入了鑽石行業的首個鑽石分級系統——「4C」標準，這用來幫助顧客了解鑽石的完美度、罕見程度和其他特徵。這種分類標準一直沿用到今天。4C 指的是克拉重量、色澤、淨度和切工，這四項評判標準綜合起來決定了鑽石的完美度和稀有度。克拉重量（Carat）是指鑽石的重量，這是衡量鑽石尺寸的度量單位。色澤（Color）指的是鑽石的色調，按字母順序 D 到 Z 排列，分別為無色到有明顯的顏色。淨度 （Clarity）指的是鑽石內部是否有內含物以及外部的可見度，淨度分別從 FL（完美無瑕）到 I3（肉眼可見內含物）。切工 （Cut）指的是鑽石的切面以及各個切面折射光線的能力，切工的評價標準從完美到欠佳。4C 標準的建立，既讓戴爾比斯占據了市場的霸主地位，也促進了鑽石行業的發展和繁榮。

1947 年，戴比爾斯創作出經典標語 「A Diamond is Forever」（中文譯作「鑽石恆久遠，一顆永留傳」），使鑽石成為永恆承諾的象徵。自此，鑽石作為愛情的承諾和見證，開始在西方國家流行開來。

在過去，臺灣人對鑽石並無多少認知，婚慶也以黃金、翡翠為主，比如翡翠手鐲、金項鏈、金耳環、金戒指等。但是，

隨著近代「鑽石恆久遠，一顆永留傳」進入臺灣，經過持久的傳播，竟然改變了臺灣人婚慶佩戴黃金、翡翠的傳統局面，讓臺灣人接受了「無鑽不婚」的全新理念。

　　這就是戴比爾斯透過價值觀輸出和標準建立而製造的巨大成就！

一流品牌只做兩件事：輸出價值觀、建立購買標準

　　我們說：五流的企業賣價格，四流的企業賣產品，三流的企業賣服務，二流的企業賣品牌，一流的企業賣標準。這裡的賣標準就是「價值觀輸出、購買標準建立」。

　　所謂價值觀輸出、購買標準建立，就是告訴顧客該不該要某件產品、應該要什麼樣子的產品。一流的企業和品牌只做兩件事，就是輸出價值觀、建立購買標準。事實上，建立 7Q 系統，就是在不同 7Q 上輸出價值觀和建立購買標準的過程。

贏得顧客，從輸出價值觀和建立購買標準開始

　　有一回，我和同事出於工作緣故來到了杭州蕭山。工作結束之後，遊玩杭州之際，打算帶點特產回去贈給臺灣親友。於是，來到百貨公司購物，打算買點西湖龍井，同事看到標價後，說：「百貨公司的東西貴，我們還是到外面去買吧！」一位服務人員聽到後，忙上前說道：「聽你們口音不像大陸人，是

臺灣的吧？是不是要買點龍井回去送人啊？」「是的。」「到杭州買龍井，可是有很多門路，從哪裡買，如何挑選，可都要仔細。買到了假的，品質差的，回去送給人，可是要被埋怨的。」「說說看。」「出來買東西，首先要買得放心，茶葉正宗有保證。外面很多賣茶葉的，經常坑外地人，我們這裡雖然價格稍高一點，但保證是真品。其次，要會選。」接下來，服務人員把如何辨別茶葉的品質和好龍井的特點向我們介紹了一番。最後，我和同事每人都買了兩盒龍井。回頭想想，服務人員成功把我們的購買標準由「價格重於品質」變為「品質重於價格」。

擊敗競爭對手，也從輸出價值觀和建立購買標準開始

擊敗競爭對手、贏得顧客的最有效手法，就是教育和引導顧客建立正確的價值觀和購買評價標準，用價值觀和評價標準直接把對手驅除出顧客的產品和品牌選擇範圍。企業可以透過專題廣告、公關事件等系統地教育顧客，建立正確的產品購買標準。比如西門子冰箱透過在網路上 po 文等手法，積極引導顧客建立正確選購冰箱的標準。

西門子家電創建於西元 1847 年。1955 年進入臺灣市場，1970 年設立在臺辦事處。

2009 年 7 月 31 日，擁有近 80 年製冷保鮮經驗的西門子家電，在國外一處新鮮果園中舉行了一場別開生面的新品發表

會——西門子真空零度保鮮冰箱正式上市。此次上市的西門子真空零度保鮮冰箱，創新地運用了真空技術原理，將真空零度保鮮室內的空氣抽出，同時把溫度保持在零度，能有效抑制食物中有氧細菌的繁殖，從而更完整地保持食物的營養與色澤，創造出更長久的保鮮效果。實驗表明，同樣經過 14 天的儲存，從西門子真空零度保鮮室取出的鮭魚中的菌落總數是從西門子普通零度冰箱取出的鮭魚中菌落總數的 1/3；是從對照普通冰箱取出的鮭魚中菌落總數的 1/140。

後來，為了配合西門子真空零度保鮮冰箱的上市推廣，網路上出現了教育消費者正確選購冰箱的文章，以此來幫助消費者建立正確的評價標準。比如：①零度不保鮮，調查顯示冰箱保鮮營養很重要；②西門子冰箱專家：消費者挑選冰箱的四大「誤以為」；③五分鐘變專家，冰箱選購百科全書；④冰箱買什麼品牌怎麼選有講究等。

透過廣泛的引導和傳播，顧客逐漸建立起了這樣的選購標準：保鮮最重要，節能次之，功能不必多，性能要穩定，價格要合理。而這是最有利於西門子冰箱的標準，消費者一旦認同這樣的標準，西門子就成功了。

第十章
7Q 基石：定義顧客和競爭對手、競爭隊友

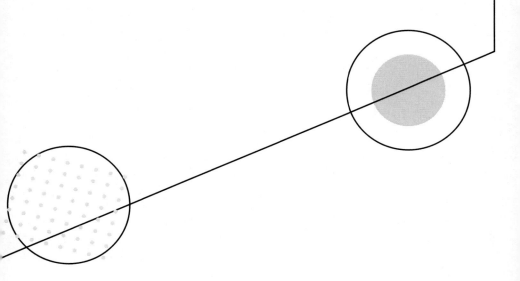

誰是第一目標顧客 —— 目標顧客的選擇和市場分級

（一）市場細分

對市場的細分是目標顧客和第一市場選擇的基礎。對市場是否需要細分的認知是基於對顧客族群之間需求差異是否足夠大的認知。如果認為顧客族群之間的需求差異不大，存在的差別無關緊要，那麼就沒有進一步細分市場的必要；如果認為顧客族群之間的需求差異大，就會把整個市場像分割蛋糕一樣分成一塊一塊的。進行市場細分主要和常見的依據有：地理和行政區劃、人口因素、心理因素、行為因素和顧客利益因素等。

（1）地理環境和行政區劃。處於不同地理位置和行政區劃的消費者，對同一類產品往往呈現出差別較大的需求特徵和消費習慣。例如，居住在高寒地帶的人們對棉衣棉褲有強烈需求，而居住在炎熱地帶的人們對此則毫無需求；鄉下對汽車的需求有別於都市對汽車的需求；一間超商對於社區內的顧客有吸引力，而對社區外的顧客則缺乏吸引力等。

（2）人口因素。即按照人口的相關變數來細分市場，具體包括：年齡、婚姻、職業、性別、收入、教育程度、家庭生命週期、國籍、民族、宗教、社會階層等。例如，根據年齡不同，將服裝市場分為老人服裝市場、青年服裝市場、兒童服裝市場等；按性別把雜誌分為女性雜誌和男性雜誌等；把培訓市場分

為兒童培訓市場和成人培訓市場；按教育程度，把報紙分為大眾市場和高學歷族群等。

（3）心理因素。即按照消費者的心理特徵細分市場，主要包括：個性、價值觀、生活方式、追求的利益等變數。如把消費族群分為關在屋子裡不出去、打遊戲、上 BBS 的「宅男」和戶外愛好者；喜歡兩人世界不要生育孩子的頂客一族和非頂客一族等。

（4）行為因素。即按照消費者的購買和消費行為細分市場，主要有消費者進入市場的程度、使用情況、使用頻率、偏好程度等變數。例如，按照使用頻率，可將消費者劃分為大量使用者和少量使用者；按照偏好程度，可將消費者劃分為單一品牌忠誠者、多品牌忠誠者、尋新者。

（5）顧客利益因素。即按照顧客所在乎的產品利益因素對市場進行細分，比如把洗髮精市場細分為柔順、去屑、滋潤、直順、防掉、防白等顧客族群，把汽車分為省油、安全、舒適等細分市場等。

在上述五種市場細分依據中，地理和人口因素是最基本的，但無論是用何種依據進行市場細分，最終都要把市場刻劃得清晰、「伸手可及」，而不是不可捉摸。

同時，我們在細分市場和刻劃目標市場的時候，一定要注意可尋找性特徵與不可尋找性特徵的區別。我們提倡盡量用可尋找性特徵去描述目標顧客，而不是不可尋找性特徵。

可尋找性特徵是指行銷人員在未正式接觸顧客之前就能藉此作出某個人或組織是否是目標顧客的一些特徵和標準。比如是否居住於某高級山莊這一特徵，如果目標顧客是此高級山莊的住戶，那麼我可以藉以觀察誰出入此山莊，從而判斷誰是我的目標顧客；再比如企業員工的交通工具這一特徵，如果目標顧客是薪資收入比較高、效益比較好的企業，那麼，我們可以藉以觀察員工上下班的交通工具，觀察企業辦公區裡是否停滿了小汽車，來判斷這家企業是否是我的目標顧客。

不可尋找性特徵是指行銷人員無法提前和預先判斷誰是目標顧客的特徵，而必須隨著和顧客交往的逐漸深入來判斷和審查顧客是否是目標顧客，比如興趣愛好這一特徵，面對一群人，我們很難判斷他擁有什麼樣的興趣愛好，同樣對於教育程度而言，我們也無法提前得知，只能在和顧客的接觸中進一步了解。區分可尋找性特徵和不可尋找性特徵的重要意義在於：對於具有可尋找性特徵的顧客我們可以主動出擊去吸引顧客注意力，對於沒有外部可尋找性特徵的顧客，往往只能依靠廣告帶動和媒體宣傳來吸引顧客自動跳出來，對號入座。

（二）為第一目標市場分配最大的資源

目標市場的顧客應當符合以下標準：有購買決策權、有支付能力、有購買需求。

在市場細分的基礎上，企業要選擇自己的目標市場並對目標市場進行分級，確定哪些是第一目標市場，哪些是第二目標

市場。確定目標市場和市場分級的依據有三個：

（1）顧客需要我們產品的程度；

（2）顧客喜歡我們產品的程度；

（3）吸引顧客所需要的資源大小和營利水準。

選擇目標市場和對目標市場分級的過程是這樣一個過程：確定誰是最需要和最喜歡我們產品的人，誰是有點喜歡和需要我們產品的人，誰是最不適合我們產品的人。對於最喜歡和最需要我們產品的人，企業首先要把最寶貴的時間、精力和資源投入到他們身上來。當有餘力時，可以分配一些資源和精力給有點喜歡我們產品的顧客。對於不適合我們產品的族群，企業是不應該分散資源和精力去理會的。三者之間的區別是：企業要積極拜訪最需要我們產品的人，等待有點喜歡我們產品的人上門購買，拒絕不適合我們產品的人購買我們的產品。例如以低價著稱的美國最有競爭力的航空公司之一美國西南航空公司就曾經聲明：如果你喜歡節省旅行費用，請選擇西南航空，因為我們的機票售價只要 60 ～ 80 美元，大大低於其他航空公司的 180 ～ 200 美元；如果你希望得到奢侈的服務和享受，西南航空一定會讓你失望，請你選擇其他航空公司，因為這裡沒有頭等艙、不提供行李轉機服務、不提供餐飲服務。

為什麼要拒絕和排斥一部分顧客呢？因為這一部分顧客要麼無利可圖，要麼會降低行銷效率（即行銷人員在為這部分顧客服務時，本身就不具有優勢，會消耗公司大量資源，卻不一

定會讓顧客滿意，或者利潤微薄，或者同樣的資源用在其他顧客身上會有更多的銷售額產生，也會有更高的滿意度），要麼會嚴重降低其他顧客的購買意願和產品評價。此時，本著對顧客和自身負責的態度，我們應該建議和推薦這部分顧客到他處購買。「守好自己的邊界，不要輕易去做自己不擅長的事」。

　　總而言之，我們要確保對第一目標市場的精力聚焦和資源投入；在確保第一目標市場的前提下，可以把資源和精力分配到第二市場上，依次類推。對第一市場我們是主動行銷，對第二市場我們是非主動行銷。

（三）7Q 自檢對於選擇目標市場的意義

　　我們可以在確定自己的目標市場後，建設自己的 7Q 品牌行銷系統。換言之，我們也可以透過審查自己和競爭對手當前的 7Q 品牌行銷系統來明確自己擷得著的第一目標市場。比方說奶粉，當我們的 4/7Q 不如競爭對手做得好時，我們就只能鎖定對購買風險感知較弱、對價格較敏感的族群。

庖丁解牛──目標顧客的二十一大分析

　　顧客的二十一大分析如圖 10-1 所示。下面我們以化妝品行業顧客二十一大分析為例，為大家作介紹。

顧客的21大分析		
1.顧客角色分析 2.顧客專業度分析 3.顧客風險認知度分析 4.決策序分析 5.心智階梯分析 6.產品的社會性分析 7.半成品、成品和解決方案分析	8.顧客池塘分析 9.顧客可得價值分析 10.顧客商業價值分析 11.顧客重複購買週期分析 12.顧客購買決策週期分析 13.顧客利益圈分析 14.顧客參考族群分析	15.顧客行動路線分析 16.顧客媒體路線分析 17.顧客購買和消費決策流程分析 18.顧客意識流分析 19.顧客MENU分析 20.顧客7Q體質分析 21.顧客購物的獨群分析

圖10-1　顧客的21大分析

(一) 顧客角色分析

顧客的角色包括購買者、使用者和建議者等角色。就化妝品（護膚品）而言，顧客多是自己購買自己消費。對於是否會作為禮物買給親友和是否會接受和使用親友贈送的化妝品禮物這個問題，男性朋友多會接受這樣的禮物，而女性則傾向於不接受，主要的考量點是：擔心該化妝品不適合自己的膚質，造成皮膚系統紊亂，不願冒使用新化妝品的風險。當然，如果被贈予的是自己經常用的化妝品和品牌，則樂於接受。

(二) 顧客專業度分析

顧客的專業度低。

對於化妝品（護膚品）而言，多數顧客缺乏化妝品相關的專業知識。即顧客的專業度普遍較低，這造成兩個結果：①顧客需要專業人員的幫助才能選對、用好化妝品；②認知比事實

更重要。

（三）顧客風險認知度分析

顧客的風險認知度高。

化妝品對於人們來說，往往還是高風險的產品，如果選擇和使用不當，就會對皮膚造成傷害。比較常見的例子就是如果經常使用一種化妝品，再換另一種品牌往往會造成過敏反應，特別是在春季。這種風險感知度隨著年齡和閱歷的成長會變得更加強烈。這種風險感知度也與膚質有關，健康膚質風險感知度最低，敏感肌感知度最高。

（四）決策序分析

決策序，是指顧客由大到小不斷縮小決策範圍的遞進過程。比如，一個顧客的決策序是這樣的：①這個錢用來買手機呢，還是拿來買化妝品呢？②是買國外牌子呢，還是國內牌子呢？③是買草本化妝品呢，還是買玻尿酸化妝品呢？④是買霜，還是買乳液呢？⑤是買 Maybelline，還是 KATE 呢？⑥是買 49 元的眉筆，還是 200 元左右的眉筆呢？

（五）心智階梯分析

心智階梯，是指所有備選品牌和產品在顧客心裡的排序。比如，一個女生在去購買彩妝的路上，其心智階梯是 KISS ME 第一、Maybelline 第二、KATE 第三。就是說，如果有 KISS ME 就先買 KISS ME，如果沒有 KISS ME，就買

Maybelline。

（六）產品的社會性分析

產品的社會性，是指該產品的購買和消費過程是否為別人所見。比如化妝品的網購是不為人所見的，化妝品的消費通常也不為人所見，但是，化妝品的櫃檯購買就為人所見。

（七）半成品、成品和解決方案分析

化妝品更像是半成品，消費者只有在導購的教育下，掌握正確的使用方法時才能真正感受到化妝品的價值。如果沒有正確的使用方法，多數顧客對化妝品的價值感知都會比自己的預期低。年齡越大，皮膚問題越厲害，就越需要專業的輔導。

（八）顧客池塘分析

顧客池塘分析指的是顧客開始用化妝品的介面和退出化妝品族群的介面，即顧客什麼時候會成為我們的顧客，我們的顧客什麼時候肯定不會再是我們的顧客。對於不同的產品和品牌，其顧客池塘是不一樣的。

但就化妝品而言，顧客真正開始進入顧客池塘的介面有：

① 18 ～ 19 歲（在這之前，都是家裡有什麼就用什麼，不用也沒什麼問題）

②皮膚出現症狀，如乾燥

③境況出現——秋冬來臨、開始用電腦、戀愛、找工作等

④我們有優惠，競爭對手出現問題。

顧客退出顧客池子的介面有：

① 60 歲以上，不再總是化妝，雖然還用，但是對化妝品的要求已經大大降低

②症狀消失

③境況消失——秋冬過去、工作變動、結婚生子等

④競爭對手有優惠，我們出現問題。

關注顧客池塘，就是要弄明白：

（1）什麼情況和條件下，透過什麼途徑，一個人會進入這個市場，進一步成為我們的顧客；

（2）什麼情況和條件下，一個顧客會離開我們，成為對手的顧客，會離開整個市場。

（九）顧客可得價值分析

在第四章我們提過「顧客可得價值」、「顧客總價值」與「顧客總成本」的定義。顧客可得價值、顧客總價值、顧客總成本，這些概念既對品牌如何提升顧客價值感提供了多種可供選擇的手法，也對於化妝品線下和線上的定價產生重要影響。從表 10-1 可見，不考慮廠方成本因素，而站在顧客的角度上，線上價格是可以高於線下價格的。

表 10-1 某化妝品顧客可得價值分析

項目		線下	線上	對比	備注
顧客可得價值				線上高	
顧客總價值	產品價值			相同	
	服務價值	導購：1.面對面；2.顧客購買的全過程介入	客服：1.看不見；2.通常是顧客購買的中後期介入	線下得分	
	服務價值	五官、體型、服裝、口條、肢體動作	影像、文字、表情符號、圖片、聲音	線下得分	實際中對比不確定，主要看線下人員的素養
	形象價值	靠陳列、包裝來傳達	有圖片、文字傳達，資訊充分	線上得分	企業形象、品牌形象

顧客總成本	貨幣成本	價格				動腦。此處比較複雜，要區分有無導購和是否為初次購買，還要區分資訊（信任）精力和挑選精力
		交通	20~150 元	0 元	線上得分	
		資訊	0 元	0 元	相同	
		運費	20~150 元	免運費包郵	線上得分	
		安裝	0 元	0 元	相同	
		使用	0 元	0 元	相同	
	時間成本		1~3 小時	10~30 分鐘	線上得分	
	精力成本		低	高，二次購買時低	初次；線下得分；二次相同	動腦。此處比較複雜，要區分有無導購和是否為初次購買，還要區分資訊（信任）精力和挑選精力
	體力成本		高	無	線上得分	動手動腳

（十）顧客商業價值分析

顧客商業價值，即顧客終生價值（Customer Lifetime Value），是指企業未來從某一特定顧客身上透過銷售或服務所實現的預期銷售額和利潤。顧客終生價值根植於顧客生命週期（客戶關係生命週期理論）這一概念，這一概念是指從企業與客戶建立業務關係到完全終止關係的全過程，是客戶關係水準隨

時間變化的發展軌跡，它動態描述了客戶關係在不同階段的總體特徵。

那麼，化妝品的顧客商業價值是多少呢？如何計算呢？

化妝品顧客商業價值＝客單價 × 購買頻率＝（單價 × 數量）× （商業價值週期 ÷ 顧客重複購買週期）

例如，一個大學生每次購買化妝品的消費額是 500 元，每三個月購買一次，那麼，他大學四年的顧客商業價值是 8,000 元。

（十一）顧客重複購買週期分析

顧客重複購買週期是指顧客兩次購買同一產品的時間間隔，化妝品的重複購買週期一般為 3 ～ 5 個月。

（十二）顧客購買決策週期分析

顧客購買決策週期是指顧客從需求產生（打算購買）到實際付款購買之間的時間，化妝品的顧客購買週期通常不是很長，多數在 30 分鐘內。

（十三）顧客利益圈分析

顧客利益圈包含以下圈層：

（1）顧客情感：顧客的終極需求。

（2）顧客境況：顧客面臨各種具體場景，比如時間、地點、人物、事件等。

（3）顧客症狀：顧客面臨的實際問題。

（4）顧客特徵：年齡、地域、性別、職業、收入等方面的刻劃。

（5）產品功效：產品帶給顧客的功效。

（6）產品形態：分為產品的包裝形態和有效物質形態。

（7）產品成分：產品有效物質包含的成分。

化妝品顧客利益圈：

（1）顧客情感：變美、自信、年輕有活力、受人尊重、事業加分、快樂、健康、戀愛美好、婚姻美滿、家庭幸福等。

（2）顧客境況：找工作、工作中、談戀愛、交際聚會、開家長會、工作禮儀、電腦前、戶外、風沙、霧霾、清晨、秋冬等，戀愛化妝、職業化妝，婚後不化妝，後臺不化妝等。

（3）顧客症狀：乾燥、緊繃、皺紋、長痘、暗沉、膚黑、毛孔粗大、脫皮、過敏等。

（4）顧客特徵：女人、20 ～ 50 歲、學生、家庭主婦、公司職員、媽媽、乾性肌膚等。

（5）產品功效：保溼、美白、滋養、抗皺、祛痘、緊緻等。

（6）產品形態：

① 從有效物質的形態上分：液體類、膏霜乳液類、凝膠類、粉類、蠟類、膜類、果凍、塊狀、油劑、膠囊、噴霧等。

② 從包裝的形態上分：壓嘴、小滴管、玻璃瓶等。比如OLAY 小滴管，蘭蔻小黑瓶，雅詩蘭黛小棕瓶，妮維雅小白瓶。

（7）產品成分：水、甘油、玻尿酸、金縷梅、海藻糖、雲

母粉等。

（十四）顧客參考族群分析

顧客參考族群分析，即分析誰是目標顧客的厭惡族群，誰是目標顧客的嚮往族群，誰是顧客的所屬族群，顧客的影響族群是誰。通常明星代表的就是目標顧客的嚮往族群，她（他）們皮膚白皙、細膩，妝容精緻，自信、開朗、向上，受人尊重，事業有成，比如曾之喬、Selina、劉以豪、李敏鎬、金秀賢等。但是，有時嚮往族群也並不一定是明星，也可能是網紅或者 YouTuber 等。顧客的影響族群有同事、父母、子女、戀人、朋友等。

（十五）顧客行動路線分析

1. 地點或場所

（1）一級地點或場所：

家、公司、超市、菜市場、超商、電影院、KTV、健身房、公園、學校、走廊、社區門口、社區廣場、馬路。

（2）二級地點或場所：

① 家：床、馬桶、廚房、餐桌、沙發、梳妝檯、書桌、洗手臺。

② 公司：辦公桌、餐廳、洗手間、走廊、辦公大樓。

③ 超市：通道、貨架、收銀臺、停車場。

2. 交通工具

步行、電動車、機車、私家車、公車。

典型顧客行動路線描述：

（1）一級顧客行動路線

家—辦公室—超市—娛樂—家

（2）二級顧客行動路線

家裡—早上起床—刷牙洗臉—護膚—吃飯—化妝—走廊／電梯—出社區—電動車或公車或私家車—公路上—會看到沿街琳瑯滿目的店鋪—路邊的車站站牌

—公司—上班—用電腦工作—用手機接打電話—查看 LINE 和新聞—網購—時事新聞—同事聊天—下班—中午吃飯—下午上班—下班

—超市的停車場—超市門口廣告—電視廣告—菸酒專櫃—彩妝專櫃—超市入口—化妝品專櫃一般在入口或出口—化妝品陳列—促銷陳列—導購員介紹—付款取貨

—逛街、聚會、看電影、練瑜伽等娛樂

—接孩子—回家—煮飯—吃飯—看電視、看手機、看電腦、看書—臉部皮膚保養—睡覺。

（3）大學生的行動路線

寢室—學生餐廳—教室—學生餐廳—教室—圖書館—操場—學生餐廳—超市—寢室。

（十六）顧客媒體路線分析

1. 被動媒體路線

電視─社區電梯廣告─社區廣告─公車站牌廣告─公車體廣告─路邊戶外廣告牌─路邊店頭廣告（牌匾、櫥窗）─公車內廣告─手機─私家車車內廣播─辦公室停車場廣告─辦公室電視廣告─辦公室電梯廣告─手機─電腦─同事─超市停車場廣告─超市 DM─超市電視─貨架─包柱─產品包裝─活動。

2. 主動媒體路線

手機─電腦─朋友─超市。

一個在超市貨架前的顧客的媒體路線是這樣的：看包裝─讀說明─聞味道─看形態─感受體驗─聽介紹。

（十七）顧客購買和消費決策流程分析

1. 需求產生

原來的已用完，皮膚發生變化需更換化妝品，工作需要，氣候、季節變化，找工作、談戀愛，空氣汙染，防輻射，年齡增長等。

2. 資訊蒐集

電腦、手機、電視、海報、宣傳單、親友、同事、廣播。

3. 比較評價

消費者會在價格、功效、服務、品牌、購買和使用的便利性等要素上進行比較評價。

4. 決策

消費者對不同的指標上分配的權重和先後順序是不一樣的。低收入族群以價格作為主要因素和先決因素，而高收入族

群則以功效和品牌作為主要因素和先決因素。

5. 購買

消費者會在超市、專櫃、專賣店、網路商店等通路完成購買。

6. 消費

早上、晚上使用，遇到問題問客服。使用包括使用的便利性和產品的有效性。產品的有效性又包括產品成分有效性和使用方法有效性兩個方面。

7. 二次評估

啟動二次評估。

8. 回饋

失望、投訴、抱怨、拒絕二次購買，滿意、讚揚、推薦、二次購買。

（十八）顧客意識流分析

顧客意識流（顧客思維流）是對顧客購買決策過程中心理跳轉的連續性描述。一個習慣網購的大學生的意識流是這樣的：覺得皮膚乾燥，上網查皮膚乾燥應該怎麼辦，有無推薦產品和品牌，查看品牌網站，看看是否有描述自己症狀的產品，看功效、看成分、看價格、看優惠，下單，核對資訊，好評，推薦。

（十九）顧客 MENU 分析

（1）哪個族群的購買力最強？以職業來分，白領、高管、企

業主。以年齡來分，30 ～ 50 歲。以收入來分，高收入族群。

（2）誰有決策權？自己、父母、老闆。

（3）哪些族群，哪些境況下的需求最強烈？皮膚出現症狀，工作環境惡劣（戶外工作、長期面對電腦工作），因工作特點需要有「面子」的職業（模特兒、商務談判、公關），不自信，30歲及以上族群，找工作、談戀愛、家長會等。

（二十）顧客 7Q 體質分析

顧客的 7Q 體質整體較差，即顧客在七個 Q 中都不能自我得到答案，但是，對 3/7Q 仍然有一個不錯的認識。

（二十一）顧客購物的獨群分析

顧客會和朋友一起購買化妝品，還是更喜歡自己一個人去購買化妝品？

顧客是喜歡只為購買化妝品單獨去一次超市，還是只會在購買更多物品的時候，順便購買化妝品？顧客是喜歡買單品還是買套組？是買單件還是買一打？

顧客會一起討論化妝品，但是更喜歡一個人去購買化妝品。

顧客一般是去購買化妝品的時候順便買點其他東西，很少會是去買其他物品的時候順便買化妝品。網購時，顧客更多地是只為了購買化妝品而去購物。新顧客、年輕人（30 歲以下）往往傾向於先買單品試試看，但老顧客、高齡顧客（35 歲以上）則傾向於買套組。

明確競爭對手

只有明確誰是我們的競爭對手，才能在競爭中有的放矢；只有全面了解競爭對手，才能知己知彼，百戰不殆。

在這裡，競爭對手不僅是指企業和品牌，更是指競爭對手的管道、競爭對手的價值鏈等。在明確和全面了解競爭對手時，我們要做以下工作：

（1）界定自己的競爭對手，樹立和明確自己的競爭對手；

（2）確定需要了解競爭對手的哪些資訊；

（3）透過什麼途徑和手法獲取競爭對手資訊；

（4）分析競爭地位和競爭態勢，進一步明確競爭對手的優劣勢，更要清楚自己的優劣勢，塑造超越競爭對手的價值；

（5）制定競爭策略：從哪一點展開競爭？是自主還是追隨？是進攻還是防禦？是正面競爭，還是錯位競爭？

下面，我們進一步闡述如何界定和明確競爭對手。所謂競爭對手，是指顧客在選購產品時同時進入顧客備選名單但是非此即彼關係的產品、品牌和企業。換句話說，顧客在選購某種產品時所有拿來與我們進行比較的，都是我們的競爭對手。競爭對手是顧客用來衡量我們價值的標尺。競爭對手可以從以下六個特性去定義：

（1）產品形態；

（2）產品功效；

（3）價格；

（4）購買管道；

（5）顧客特徵；

（6）地域。

這六個特性越是重合，競爭就越激烈，它就是你最直接的競爭對手，是你眼下和短期內都要關注的。這六個特性的重合度越低，競爭程度就會越低，它是你需要從更長期、全局的角度去關注的。競爭對手不是選擇得越窄越好，也不是選擇得越寬泛越好，這要視自身的資源的多少而定，也關係到市場的容量大小。競爭對手選擇得越窄，一方面意味著我們可以聚焦更多的資源投入到一個狹窄的市場中去以獲得更多的勝算，另一方面也意味著整個市場的空間也比較小。競爭對手選擇得越寬，一方面意味著我們面對的市場空間越來越大，同時，另一方面也意味著競爭對我們的資源要求也越大，我們的競爭資源也會變得越來越分散。所以，選擇恰當層次的競爭對手，就是在我們自身能夠投入和聚焦的資源與所面對的市場容量之間作一個均衡的選擇，這更是競爭是否成功的保證。

根據與之競爭的強度，由強到弱，企業的競爭對手可以簡單分為以下幾個層次：

（1）把同一行業以相似價格向相同顧客提供相同產品的企業視為品牌競爭者。他們與我們短兵相接，競爭最為激烈，比如蘋果和三星的競爭關係就是這樣的關係。

（2）把同一行業生產不同級別、型號、品種產品的企業視為

行業競爭者。比如 TOYOTA 汽車和賓士汽車就是這樣的關係，一個面向中等、一般收入客人，一個面向高級客戶。都說同行是冤家，在這裡有時卻也是「井水不犯河水」。

（3）把為滿足相同需求而提供不同產品的企業視為一般競爭者。比如，洗衣粉、洗衣皂、洗衣精是這樣的競爭關係，微波爐、電磁爐、瓦斯爐也是這樣的競爭關係。有人說豪華車的競爭對手是鑽石與貂皮大衣，電信公司的競爭對手是通訊軟體，客運公司的競爭對手是高鐵，指的也是這樣一種關係，他們都滿足顧客相同的需求。

（4）把為爭取同一筆資金而提供不同產品的企業視為廣義競爭者。比如，一對夫妻有 15 萬元，是買條項鏈呢，還是去歐洲旅行呢？夫妻倆也在兩者間比較。此時，項鏈和歐洲遊就是一種爭奪同樣一筆資金的競爭關係。

透過以上的劃分，行銷人員應當明確：和我們短兵相接的是誰，虎視眈眈、伺機而動的是誰，即顧客到底在拿我和誰比較。

找到競爭隊友

競爭隊友是指雖然具有競爭關係，但更具有共同利益的同類品牌和企業。從競爭層次上講，競爭程度較高的同行在面對競爭程度較低的企業時，它們就是競爭隊友。比如，中華電信、台灣大哥大、遠傳電信在面對 LINE 的共同威脅時，它們

就是競爭隊友。銷售洗衣粉的不同企業在面對洗衣精的競爭時，它們就是競爭隊友。主打草本賣點的化妝品企業（belif、蓮芳）在面對主打玻尿酸的化妝品企業時，它們就是競爭隊友。將門、VICTOR、SAEKO 等 MIT 品牌在面對 NIKE、愛迪達等國際品牌時，它們就是競爭隊友。其實，通常我們在明確了自己的競爭對手後，自己的競爭隊友也就明確了。

為什麼要明確和找到自己的競爭隊友？因為競爭隊友有共同的利益，往往俱榮俱損，所以，當競爭隊友出於維護共同利益而採取共同行動時，顯然可以放大單一的企業資源，實現單一企業資源無法實現的行銷效果。如果競爭隊友在投入資源做推廣時，你當然可以借船出海，不做任何推廣。如果競爭隊友沒有投入資源做任何推廣時，這意味你必須自己獨立做些量力而行的行銷推廣。最好的局面應當是，你和競爭隊友共同投入資源做行銷推廣，一起把蛋糕做大。

第十章 7Q 基石：定義顧客和競爭對手、競爭隊友

第十一章
發現知名企業 7Q 品牌行銷系統

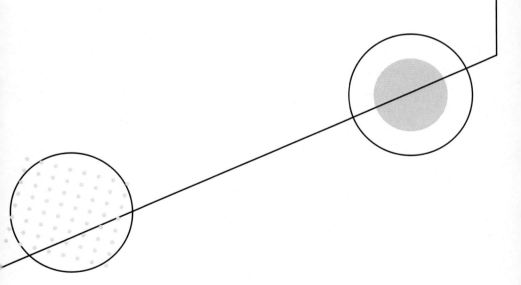

向奧迪學什麼——看奧迪的行銷和執行

奧迪，成立於 1910 年 4 月 25 日，其標誌為四個圓環，是著名的汽車開發商和製造商，是世界豪華車市場領先品牌。奧迪，現為福斯汽車公司的子公司，總部設在德國的英戈爾施塔特，主要產品有 A1、A2、A3、A4、A5、A6、A7、A8、Q1、Q3、Q5、Q7、TT、R8 以及 S、RS 性能系列等。

2014 年 1 月，奧迪宣布，在全球範圍內，2013 年奧迪銷量為 1,575,500 輛，比去年（2012）同期的 1,455,123 輛成長 8.3%。而在最大單一市場中國，2013 年全年在華銷量創新高，達 491,989 輛，與 2012 年在華銷量 405,838 輛相比，增幅高達 21.2%。奧迪長期占據中國高級豪華車市場的冠軍位置。在全球市場，奧迪也有機會超越 BMW 成為全球市場高級車老大。

那麼，到底是什麼造就了奧迪長期以來的輝煌呢？作者在一家奧迪展示中心作過深入的調查，發現奧迪獲得消費者的垂青有其必然性，奧迪有太多值得我們學習的地方，尤其是在行銷和執行力建設方面。

（一）重視產品開發和產品系布局，不斷提升產品品質

目前，奧迪在臺灣的產品包含 A1、A3、A4、A5、A6、A7、A8、Q2、Q3、Q5、Q7、Q8、TT、R8 等車款，從入門級到奢華級全部涵蓋，價格跨越 121 萬到 1,140 萬的區間，涵蓋轎車、SUV、跑車等車款，全面滿足家用、商用、戶外等所有

場合的用車需求。

奧迪秉承「進化科技，定義未來」的理念，不斷研發新科技並應用到新車開發上來，使車款不斷創新，引領風騷！從誕生之日起，奧迪就蘊涵著領先科技的血脈。從 quattro® 全時四輪驅動系統到 FSI® 缸內直噴引擎，奧迪「進化科技，定義未來」的品牌精神均已成為更安全、更高效、更好地滿足汽車駕乘需求的代名詞。從 MMI® 多媒體互動系統到 Bang & Olufsen 高級音響系統，為駕駛者帶來旅途中無與倫比的駕乘享受。奧迪每一項創新科技，皆是對駕駛性能和駕馭未來的不懈追求，為使用者帶來獨一無二的非凡駕乘體驗。

(二) 行銷體系符合 7Q 原則，有效回答顧客最關心的問題

奧迪十分重視品牌行銷工作，目前已經形成了從廠商到展示中心、從線上到線下、從傳統媒體到新媒體的分層次、多體系的相對穩定和成熟的品牌推廣體系和銷售系統（如表 11-1、圖 11-1 所示）。菁英試乘試駕會、奧迪極限體驗營（Audi Driving Experience）、高爾夫球賽等是其有代表性的行銷活動。

表 11-1 奧迪的 7Q 品牌行銷活動體系

序號	7Q	品牌活動
1	我為什麼要注意到你	1. 電視廣告； 2. 易於識別和傳播的 Logo； 3. 定位：尊貴； 4. 電影植入廣告； 5. 主機廠參加 A 類車展，經銷商參加 B 類車展； 6. 汽車專業網站； 7. 各國官方網站； 8. 雜誌廣告； 9. 贊助高級會議和活動； 10. 新車上市發表會
2	這是什麼	1. 豪華車品牌； 2. 針對普通車主的試乘試駕； 3. 針對專業車主的極限體驗營
3	關我什麼	1. 身分象徵，進入上流階層的符號； 2. 尊貴、權勢、敬畏； 3. 安全、可靠； 4. 折舊率低； 5.Audi quattro cup 高爾夫球賽，高級圈子，高品質生活方式； 6. 更容易贏得合作夥伴的信賴
4	我為什麼要相信你	1. 高級電影植入； 2. 高級會議貴賓接送車； 3. 德國製造； 4. 專業人士點評、推薦和試車報告，尤其是新車； 5.J.D. Power 消費者滿意度冠軍

5	值得嗎	1. 專業人士點評； 2. 高級客戶口碑； 3. 先進科技融入； 4. 有競爭力的價格體系
6	我為什麼要 在你這裡買	展示車新自身價值塑造，比如服務好、離家近、 規模大、可信賴等
7	我為什麼 現在就要買	1. 顧客自我需求； 2. 限時、限量、限款優惠； 3. 團購會； 4. 車展優惠； 5. 其他促銷活動

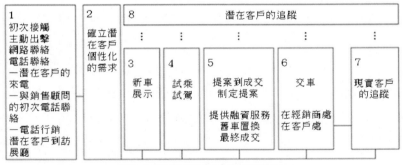

圖11-1 奧迪標準化、專業化銷售流程

（三）堅持不懈地追求客戶極為滿意，不斷優化和強化客戶滿意度體系

到底誰應該為奧迪的未來負責？誰有能力和動力為奧迪的未來負責？是銷售、行銷，還是品牌、客服？顯然，銷售顧問

最關心的是當下的業績和收入，怎麼能提高業績、提高收入，就怎麼做，因此，對奧迪當月的業績和展示中心當下的生存負有最直接的責任。銷售顧問的職業壽命和對未來的不確定性的感知，也加劇了銷售顧問對眼下業績的追求，而不會顧及是否會對奧迪的未來業績造成負面影響。因此，必須有站在更高角度和有全局觀的部門和機構跳出來，為奧迪的明天負責。而這個部門就是行銷部和行銷人員。行銷部對公司的明天負責，它必須做好長期集客動作，既要考慮當下的集客量，又要考慮遠期的集客量。有的活動，雖然對當下的銷量提升不明顯，卻對奧迪明天的客流量會產生深遠的影響。

那麼，是誰對公司的未來負責呢？顧客滿意度對奧迪的未來負責，具體是透過客戶滿意度體系建設來展現的。顧客已經付款取了車，工作人員要不要繼續對他熱情依舊、關懷備至呢？答案是肯定的。但是，如果沒有健康的體系支撐，關注短期利益的銷售顧問就缺乏動力去繼續關懷已經付款的客戶，行銷人員也沒有這個心思和資源去關懷，結果，就會使奧迪的新老客戶逐漸萎縮，對奧迪的未來生存就會造成「溫水煮青蛙」般的危害，所以，作為奧迪的最高負責人應該透過 CS 體系建設不斷督促公司所有人員、展示中心所有人員、所有一線人員執行讓客戶滿意的動作，不管這個動作是否對他們當下有利，並且更要把這個關乎奧迪未來生存與發展的動作與所有人員的工作績效聯繫起來。

完成銷量目標就是銷售顧問的本職工作，確保明天有越來越多的客戶進店就是行銷人員的本職工作，確保客戶滿意就是CEO 最大的職責！

奧迪深刻認識到，顧客的滿意才是奧迪品牌的未來，因此，奧迪把顧客的極為滿意作為唯一的標準，並始終如一、堅持不懈地追求顧客的極為滿意，從流程和制度建設入手，統籌廠商、展示中心、第三方，建立多層次的、真正有效的顧客滿意度體系。比如，從新顧客進門，到第一次保養，到全車生命週期的關懷，到交車環節的多部門人員到場，每一個環節的設置都深刻展現了奧迪對追求顧客極為滿意的使命感和緊迫感！

（四）重視培訓，嚴格監控，分毫不差地堅決落實奧迪標準和體系

再好的標準和體系，如果沒有出色執行，也不會產生任何有益的結果。原則上講，一旦標準和體系建立，工作人員唯一的職責就是執行，除此之外再無其他職責！為此，奧迪從廠商到展示中心建立了嚴格的執行體系。

（1）建立從廠商到展示中心的全方位、多層次的培訓體系，確保每一個工作人員對執行要求有準確的認知和把握，並勝任職位要求。

（2）對銷售服務建立了常態的祕密採購（密採）檢查制度，並對售後服務建立了飛行檢查（飛檢）制度。這種檢查是突然的、不定期的，是由第三方祕密進行的。檢查涉及幾十個小

項，如果被認定不合格，無論是展示中心還是當事工作人員，都要面臨嚴厲的經濟處罰。

（3）嚴格的展示中心標準檢查（標檢）制度。這是對展示中心日常規範的全方位的檢查，檢查的內容無微不至，細到一塊地磚都不能有汙點。

（4）對所有關鍵職位上的服務人員的服務動作和過程建立全程記錄和抽查制度，使服務人員做到百分之百嚴格執行奧迪最高標準。

在 J.D. Power 發布的售後服務滿意度 CSI 以及銷售服務滿意度 SSI 榜單中，奧迪的銷售和售後服務滿意度連續在豪華車品牌中名列第一。這不僅是奧迪標準和體系的成就，更是奧迪執行體系的成就！

面對顧客無小事，將簡單做到極致就是不凡，好的細節只有堅持才有意義和價值。在奧迪，你可以深刻體會到這些語句的意義。

奧迪不一定是完美的，它也一定有自己的不完美的時候、出錯的時刻，但也有理由相信奧迪一定是最優秀的和最值得信賴的！讓我們虛心向奧迪學習，把奧迪精神帶到你的工作和生活中，成就我們美好的明天！

巴黎萊雅的行銷之道

（一）化妝品 7Q 行銷關鍵分析

化妝品的行銷管道基本可以分為以下八類：①百貨公司專櫃；②超市；③流通散點；④美容院線；⑤電視購物；⑥團購；⑦電子商務（蝦皮、momo 等）；⑧人員直銷等。不同的產品適應不同的管道，不同的管道適應不同的產品。

1. 小品牌、大品牌、標準品、半成品

小品牌、標準品更多的是以走超市、流通、電子商務為主。大品牌、半成品更多的是以走專櫃、院線、直銷為主。當然，它們的管道有一定的重疊，但主次關係還是相對分明的。在這裡提到了兩個維度，我們要做一下區分和解釋。小品牌就是不打廣告、不找明星的產品，大品牌就是打廣告、有明星代言的產品。標準品就是指顧客毋須專業人員指導就能用的很好的產品，比如洗面乳等。半成品就是指這樣一類化妝品，如果不給予顧客一定的專業指導，其帶給顧客的效果就會大打折扣的產品。實際上，多數化妝品都是半成品，即如果消費者無法正確使用化妝品，其帶給顧客的效果往往都會打折扣。這也就是為什麼凡是大品牌都特別重視顧客教育和服務的原因。

2. 風險和忠誠

我們上一章提過，化妝品對於顧客來說，往往還是高風險的產品，如果選擇和使用不當，美容可就變成毀容了。對此，

女性在選擇化妝品時通常會更加慎重,在滿意一種化妝品後,往往也不會輕易變換品牌。

3. 單品和套系

當一種化妝品可以脫離其他產品而單獨使用時,這個單品可以做成千億級別的大單品。同時,顧客需要的不是化妝品而是美容方案,所以,套裝系列也必會越來越受到人們的青睞。

在經過以上分析之後,我們來看看如何用 7Q 來做化妝品的行銷。

(1)因為化妝品是風險性產品,所以,解決 4/7Q 將是重要的一環。因此,在這個產品的行銷中,客戶教育、客戶服務和客戶關係管理將變得特別重要。利用明星代言和贊助高級活動等背書活動,可以有效降低顧客對風險的感知。強調草本和中醫成分,也會大大降低顧客對負面風險的感知,但這不會在提高產品價值感上加分。

(2)目前,化妝品行業在描述自己是什麼,即 2/7Q 的問題上比較好,但是,在回答關我什麼事的問題上(3/7Q)還有很大的提升空間。顧客更關心「關我什麼事」,而不是「這是什麼」。

(3)強化網路和 LINE 在客戶服務方面的作用,讓網路影片和 LINE 圖文在深度指導和教育顧客正確使用化妝品方面發揮更大作用。

(4)提高門市導購及美容顧問的服務力和銷售力,建立基於 7Q 的銷售流程,打造專業的七句保成交話術。目前,導購只

會介紹我的產品是什麼，卻無法有效連結顧客需求，解決顧客的 7Q。

（5）優化化妝品利潤模式。哪個產品是樹立品牌的，哪個產品是贏得顧客嘗試和信任的，哪個是利潤品，一定要明確、清晰。

（6）明星代言和標語都是俘獲顧客心的有效手法。如果你暫時沒有能力請明星代言，那麼，設計一句基於 7Q 的好的標語，將會助你低成本贏得顧客的關注和傾心。

（7）同時，在 5/7Q（即值得嗎）這個問題上，很多化妝品品牌的價值塑造不到位，使顧客基於價格購買而不是基於價值購買。應該在塑造和傳遞產品價值上多下些工夫。

（二）巴黎萊雅陷阱——耗盡你的資源

萊雅集團成立於 1909 年，目前在五大洲 130 個國家開展營運，是財富 500 強之一，旗下品牌既包括蘭蔻、碧兒泉、赫蓮娜等高級化妝品，也包括巴黎萊雅、Maybelline 等大眾化妝品。

巴黎萊雅（L'Oréal Paris）提供專業女士／男士護膚品、彩妝、染髮、護髮等明星產品，源於法國的巴黎萊雅已遍布120 個國家，為全球使用者帶來承自法蘭西的成熟和優雅氣質的高品質化妝品。巴黎萊雅以標語、明星代言和電視廣告為自己的核心行銷工具，依靠雄厚的資金保證，始終在化妝品市場保持領先地位。作為全球化妝品行業的領導品牌，巴黎萊雅透

過將科技和美麗完美結合，不斷謀求創新、研發獨特的產品配方，以合理的價格，為消費者提供最高品質、最佳 CP 值的產品和服務。

巴黎萊雅在全世界範圍精心選擇最具魅力的國際巨星，從各個不同的角度來講述巴黎萊雅美麗無疆界的氣勢，並使「因為你值得」（Because You're Worth It）的美麗概念成為一種經典。巴黎萊雅攜手 35 位來自世界各地的品牌形象大使共同傳播和分享其關於美的獨到見解，珍妮佛·羅培茲（Jennifer Lopez）、碧昂絲·諾利斯（Beyoncé Knowles）、芙蕾達·蘋托（Freida Pinto）、珍·芳達（Jane Fonda）、伊娃·朗格莉亞（Eva Longoria）、茱莉安·摩爾（Julianne Moore）、莉雅·琦比德（Liya Kebede）、休·羅利（Hugh Laurie）、鞏俐、吳彥祖、阮經天等。每一位巴黎萊雅品牌形象大使都擁有卓爾不群的事業和魅力非凡的個性，完美詮釋了「因為你值得」這一品牌理念。

在過去 40 多年裡，這句世界性宣言源源不斷地為美麗注入力量。每年，巴黎萊雅都會在近 20 場國際紅毯秀上，為其代言人和世界知名人士打造閃耀奪目的造型。自 1998 年起，巴黎萊雅正式成為坎城國際電影節的官方指定合作夥伴，每年的坎城電影節也都為巴黎萊雅提供全新的機會，展示其品質卓越、工藝超凡、CP 值最高的產品。

雷軍小米手機的網路行銷——信任和注意力

（一）小米的網路行銷系統

小米公司正式成立於 2010 年 4 月，是中國一家專注於高級智慧手機的創新型科技企業，主要由前 Google、微軟、Motorola、金山等知名公司的頂尖人才組建。小米手機、MIUI、米聊、小米網、小米盒子、小米電視和小米路由器是小米公司旗下七大核心業務。

「為發燒而生」是小米的產品理念。小米公司首創了用網路模式開發手機操作系統的模式，將小米手機打造成全球首個網路手機品牌，並透過網路開發、行銷和銷售小米的產品。小米創始人雷軍說：「小米手機就是透過網路的形式零售，把價格控制在同類產品一半不到的價格。」

小米的整個行銷系統如表 11-2 所示，其核心工具是：雷軍＋發表會＋網路＋標語，但是，雷軍向外傳遞的資訊才是一切的關鍵。

表 11-2 小米 7Q 品牌暢銷系統簡表

序號	7Q	品牌活動
1	我為什麼要注意到你	1. 發表會；2. 網路新聞；3. 雷軍
2	這是什麼	1. 小米「為發燒而生」；2. 網路高級智慧型手機；3. 無所不能的手機
3	關我什麼	1. 無所不能；2. 手機所有功用

4	我為什麼要相信你	1. 小米團隊；2. 雷軍；3. 摔機；4. 粉絲效應；5. 發表會演示；6. 售後服務承諾
5	值得嗎	1999（約新臺幣 8000 多元）等基於競爭的超值價格；軟硬體向高級品牌看齊，價格向普通品牌看齊
6	我為什麼要在你這裡買	1. 超高 CP 值；2. 網路管道：小米官網、小米淘寶；3. 營運商合約機
7	我為什麼現在就要買	1. 新購；2. 換機；3. 限量發表
	核心工具	雷軍＋發表會＋網路＋標語

　　在小米手機的發展過程中，小米手機新品發表會和網路傳播占據了重要作用。雷軍每一次發表會透過網路把精心策劃的資訊傳播出去，都為小米的成長造成了關鍵的作用。

　　小米團隊背景的宣傳使顧客對小米充滿期望和信任感，雷軍摔手機更是成就了更好的小米，又傳遞了小米的高品質。小米公司由著名天使投資人雷軍帶領創建。小米公司共計七名創始人，分別為創始人、董事長兼 CEO 雷軍，聯合創始人兼總裁林斌，聯合創始人及副總裁黎萬強、周光平、黃江吉、劉德、洪鋒。小米人主要由來自微軟、Google、金山、Motorola 等中外 IT 公司的資深員工所組成。在小米的成長中，雷軍摔手機也算一個重要話題。當別人質疑小米的時候，雷軍就會當眾摔小米手機。高個子的雷軍在小米發表會上摔過手機，在北京車庫咖啡論壇的大理石上摔過手機，每一次摔手機都讓在場的顧客對小米手機更加有信心。

一句道歉成就小米的國際大品牌氣質，讓顧客更加信任！

2014 年 1 月 1 日，小米 3 聯通版發貨，部分米粉元旦期間收到了小米 3，發現小米 3 聯通版所用的處理器由此前宣傳的高通驍龍 8974AB 換成了 8274AB！想到雷軍於 2013 年 9 月 5 日在國家會議中心數千人大的會場裡在米 3 發表會上的信誓旦旦：小米 3 採用的是高通驍龍 800 最高級的版本 8974AB。顧客感覺被欺騙，認為小米手機使用了低級別的 CPU！一時間顧客負面情緒在網路蔓延。

針對此事，小米的合作方高通率先作出解釋：8x74AB 和 8274AB 是同一種晶片，性能上沒有區別，只是對應不同的營運商網路制式，8274AB 支持中國聯通 3G WCDMA 制式，8674AB 支持中國電信 3G CDMA 2000 制式，8974AB 支持 4G LTE 的。

話到這裡，如果是一般的中國公司的反應，就是立刻發布聲明，說這不是自己的錯，也不存在虛假宣傳問題！但是，此時的小米的國際品牌氣質展現出來了。小米官方緊急發布了官方說明，很坦然地承認了自己的錯誤，並聲稱消費者可以選擇全額退款。小米公告稱：高通公司和小米的技術交流文檔中，一直使用驍龍 8974AB 統稱整個驍龍 8008x74AB 系列產品。小米在發表會上沿用了這一稱謂，確為不夠嚴謹。

「因我們不夠嚴謹而導致用戶迷惑，我們深感歉意。2014 年 1 月 2 日前購買小米手機 3 聯通版的用戶可於本公告發布一

週內（2014 年 1 月 9 日前）致電小米客服 4001005678，選擇全額退款。」

同時，小米官網米 3 的介紹關於 CPU 已經改成了 8274AB，雷軍當天的發布影片下面也注明了新的說明並致歉。

消費者不怕你的產品有問題，怕的是你出了問題不擔當，反而試圖百般開脫。小米的坦誠、負責、不開脫的態度為其他企業樹立了榜樣，鑄就了自己國際大品牌的氣質。

（二）小米手機的網路模式到底是否可以複製

雖然，雷軍講小米模式和網路思維的核心是：「專注、極致、口碑和快。」但歸根到柢，網路的核心還是注意力和信任（1/7Q 和 4/7Q）。

在小米手機的網路模式中，有一條是較難以複製的，其他的都可以複製。換句話說，如果你也具有這一點，你就可以複製小米模式。這一條就是：

雷軍的明星企業家身分、創業團隊的話題背景。這對於 1/7Q 和 4/7Q 的解決很關鍵。

小米在微博上做的第一個事件行銷是雷軍參與的「我是手機控」。從雷軍開始，「我是手機控」po 出自己玩過的手機，吸引了 80 萬人參與。最有影響的案例則是 2012 年 5 月「小米手機青春版」。該活動的高潮環節是小米七個合夥人拍的一個微影片，借勢當時正紅的臺灣電影《那些年，我們一起追的女孩》，雷軍等七個合夥人拍了一系列老男人集體賣萌的海報、影片，

話題感十足。結果,「小米青春版」微博轉貼量 203 萬,粉絲人數增加 41 萬。

　　如果你自己有話題效應,並知道如何在各種場合的曝光中把品牌的 7Q 資訊傳遞出去,那麼,你就可以利用網路複製小米模式。

第十二章
建構你的 7Q 品牌行銷系統

明勢──知己、知彼、知勢

（一）發現和建構 7Q 品牌行銷系統的專業流程

圖 12-1 是發現和建構 7Q 品牌行銷系統的專業流程，共分為三個階段：明勢、明斷、明行。明勢是為了做到真正的知己知彼，明確自己的有利因素和不利因素。明斷就是依據現實的資源狀況和競爭力量對比，制定切合實際的 7Q 品牌自上而下設計和 7Q 品牌行銷系統，形成品牌憲法。明行就是確定執行中的資源關係、企劃和執行的關係，畢竟資源都是有限的。

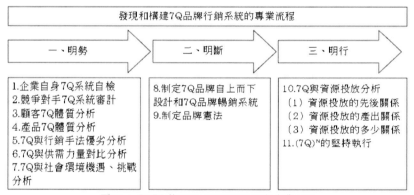

圖12-1　發現和構建7Q品牌行銷系統的專業流程

（二）企業自身和競爭對手 7Q 品牌行銷系統審查

在明確目標顧客和競爭對手的基礎上，對企業自身和競爭對手當前階段 7Q 品牌行銷系統的整理、總結和審查是建構和完善新 7Q 品牌暢銷系統的起點。企業可以用表 12-1 來完成這

個任務。

企業在審查自身和競爭對手的 7Q 時，「強弱比較」就是看誰在這方面得分高。在判斷誰更占優勢的時候，可以使用分值法、兩兩比較法等，最終為你和競爭對手的強弱排出順序。這項工作可以幫助企業更好地認識到自己和競爭對手各自真正的優勢和弱勢所在。如果打擊對手，可以知道競爭對手的弱點在哪裡，以做到打蛇打七寸；如果提升自己的競爭力，也可以幫你明確自己的提升方向。

表 12-1 7Q 品牌暢銷系統審查和改進表

品牌名稱：	競爭對手1：		競爭對手2：		
7Q	競爭對手1目前措施	競爭對手2目前措施	企業自身目前措施	強弱比較	強弱比較
1/7Q					
2/7Q					
3/7Q					
4/7Q					
5/7Q					
6/7Q					
7/7Q					

（三）從 7Q 顧客體質分析到社會環境因素

顧客 7Q 體質分析，就是分析目前行業和市場狀況下，哪些 7Q 是不需要企業回答的。

產品 7Q 體質分析，主要是針對新產品的分析，是指這個產

品本身的特點、利益、差異化點是否比較容易被顧客理解，獲得顧客信任等，與之對應的一句話是「好產品自己會說話」。

　　7Q 與行銷手法優劣分析，主要是分析企業想用的行銷手法的 7Q 屬性。比方說個人 FB，因為是熟人圈，所以在 4/7Q 上會比較有優勢。

　　7Q 與供需力量對比分析，主要是明確行業供需情況對 7Q 的影響。對於供不應求的行業，顧客自己會主動尋找 7Q 答案，企業許多事情可以不用做；但對於競爭激烈的行業，企業就要花費更多的心思來設計和主動呈現 7Q 答案。

　　7Q 與社會環境機遇、挑戰分析，主要是指當前的社會環境中的主要因素對做 7Q 的影響，主要借助的也是 SWOT 工具，即優勢（Strength）、劣勢（Weakness）、機會（Opportunity）、威脅（Threat）。比方說，國外某些城市對汽車實行限購，會壓縮私家車的市場空間等。

明斷──建構 7Q 品牌行銷系統

（一）7Q 的 N 次方

　　在明勢的基礎上，企業就可以選擇恰當的行銷工具和行銷策略來建構自己的 7Q 品牌暢銷系統了。公司要在企業層面建構 7Q 系統，品牌要在公司之下建構自己的 7Q 系統，單品要在品牌之下建構自己的 7Q 系統，行銷人員要在單品之下建構自己的

7Q 系統，從上到下，從下到上，整個系統被稱為 7Q 的 N 次方，如表 12-2 所示。

表 12-2　7Q 的 N 次方

7Q	7Q 的 N 次方				
	公司層面	品牌層面	單品層面	個人層面	夥伴層面
1/7Q					
2/7Q					
3/7Q					
4/7Q					
5/7Q					
6/7Q					
7/7Q					

　　使用不同的工具和策略來建構 7Q 品牌行銷系統，其所需要的資源是不一樣的（如表 12-3 所示）。這種資源包括資金、人力數量等外在資源，也包括人員專業水準、企劃水準等內在資源。內在資源不足時，就需要外在資源來補充；內在資源可減少對外在資源的數量需求。我們要確定我們的資源足以支撐 7Q 品牌行銷系統的執行，否則，就要量力而行，重新建構 7Q 品牌暢銷系統。

（二）7Q 品牌行銷系統工具對資源的要求評估

表 12-3　7Q 品牌行銷系統勝出對資源的要求評估表

7Q	1	2	3	4	5	6	7	8	9	10
1/7Q	■	■	■	■	■	■	■	■	■	■
2/7Q	■	■	■							
3/7Q	■	■	■							
4/7Q	■	■	■	■	■					
5/7Q	■	■	■							
6/7Q	■	■	■	■						
7/7Q	■	■	■							

　　注：用刻度 10 表示最大的資源使用量，用刻度 1 表示最小的資源使用量。這張表表示，要縮小或拉大和競爭對手在 1/7Q 上的差距，往往需要投入大量的內外在資源；而要縮小和競爭對手在 7/7Q 上的差距，則對內外在資源的需求相對低一點。此表僅供參考，請具體問題具體分析，關鍵是要養成資源和 7Q 相配的意識。

（三）董事會裡的爭吵──沒有人人滿意的方案

　　在這個世界，不會有哪個人好到讓所有人都說他好，也不會有哪個人壞到讓所有人都說他壞。一個人，總有人喜歡他，也總有人不喜歡他。就像沒有完美的人一樣，這個世界也沒有人人都說好的方案，凡事都有利有弊，這就是辯證法，這就是唯物論。

　　高層在制定 7Q 品牌行銷方案的時候，面對不同意見應該持什麼態度呢？是否應該全員參與呢？

　　首先，不建議讓基層員工在專業問題上參與決策。由於基層員工所持的立場是基於其職位，而不是公司全局，其看問題的視野是部門，而不是品牌整體，更重要的是不具備專業的知識和能力，所以，其所提出的建議多不具有參考性。但是，可以傾聽他們對一些問題的看法，關鍵是要引導他們在正確的方向上展開思考和建議。雖然不建議基層員工參與決策，但我們建議總監級以上高管參與決策。

　　其次，最終決策人一定要有擔當和策略素養。不同意見、爭吵不僅會發生在董事會，在各個層次上都可能發生。當意見相左、相持不下時怎麼辦？最終決策人一定要有擔當，既能力排眾議，選定方向，敲定策略，又能把大家的行動統一到正確的方向上來。更重要的是要有策略素養，在執行的過程中，要從全局和策略角度考慮，能夠做到不因一時一事而動搖。

明行──建構之後就只有一件事

（一）企劃和執行的關係

　　通常，我們認為企劃和建構 7Q 品牌行銷系統應該占取 20% 的資源和精力，剩下的事情都應該放在執行。即企劃之後就只有一件事，就是不折不扣執行到位。

（二）聚力聚焦，把資源投放到最具生產力的環節

透過自己的 7Q 品牌行銷系統和競爭對手的對比分析，我們會發現最能縮小和競爭對手差距的環節是在哪個 7Q 上，也會發現在哪個 7Q 最能拉大和競爭對手的距離，一定要把資源優先投入到這些 7Q 的建設上來。

（三）用數據度量一切──數據化行銷

數據化度量讓行銷成為一門科學，而不是一門藝術。有了數據化指標度量，就可以在行銷動作和行銷效果之間建立因果關係，從而更好地幫助改進 7Q 品牌行銷系統。

1. 市場占有率的獲得、流失與 7Q

一個企業的市場占有率是怎麼構成的？你的顧客是怎樣流失的？你的市場占有率是怎樣變小的？

企業回答好每一個 7Q 問題就會獲得一個相應的市場占有率，分別用 X1、X2、X3、X4、X5、X6、X7 對應從 1/7Q 到 7/7Q 的市場占有率。X0 代表自然銷售，是指企業在不作任何品牌推廣的情況下所獲得的市場占有率。那麼，一個企業的整體市場占有率 X 就可以用下列公式表達：

整個市場占有率 $X = X0 + X1 + X2 + X3 + X4 + X5 + X6 + X7$

當企業可以很好地回答每一個 7Q 的時候，就會有一個比較好的市場占有率、市場占有率、銷售額。當在某個 7Q 回答不好時，企業就會流失相應的占有率。現在，你可以看到你是在哪

些市場占有率上丟分的。

2. 7Q 品牌行銷系統是如何檢測銷售的

單品銷售額＝價格 × 銷量

暫且不考慮老顧客重複購買，只考慮新顧客開發，提高單品銷售額的方法就兩個：一是提高價格，二是提高銷量。

提高價格主要依賴於 2/7Q、3/7Q、4/7Q、5/7Q 的打造。

而提高銷量則依賴於整個 7Q 的打造。簡單地講：銷量＝接觸顧客數量 × 成交轉化率。1/7Q 就是提高接觸顧客的數量和效率，2/7Q ～ 7/7Q 就是提高成交轉化率。我們透過建立顧客滿意度追蹤系統（customer satisfaction system, CSS），就可以知道顧客流失的原因。進一步把顧客流失的原因歸類到相應的 7Q，我們就可以找到提升的方向和舉措。

7Q 指標分析與傳統指標分析的最大差別是，後者只告知了結果，沒有告知原因，而前者揭示了原因，為績效改進提供了明確的方向。

（五）先做 1/7Q，還是先做 2 ～ 7/7Q

通常情況下，建議先做 2、3、5、6、7/7Q，然後做 4/7Q。做好 2 ～ 7/7Q 後，再投入資源做 1/7Q。因為，2 ～ 7/7Q 做的是成交率、顧客滿意，而 1/7Q 做的曝光率、知名度。

堅持按 7Q 品牌規律去做，是經營品牌的捷徑

任何企業在做行銷、經營品牌的過程中，只有堅持按品牌規律做事，才能打造強大的品牌。堅持按品牌規律做事，也是取得成功的捷徑！

目前，臺灣的企業基本都已經意識到品牌的重要性，也越來越捨得投放資源去經營品牌，但是，這些企業在積極經營品牌的過程中，常常犯三個嚴重的錯誤。

第一個常犯的錯誤是急功近利，不肯按照品牌的規律去做事。總是被很多「大師」唬弄，覺得一定有零成本就可以成就一個強勢品牌的路徑，結果，往往是事與願違，不僅沒有少花錢，反而走了更多的冤枉路，投入不減反增。兩點之間最短的路徑就是直線，這就是規律，沒有比直線更短的「捷徑」了。企業經營品牌，應該尋求投入少、見效快的方式，但是它也有自己的規律，它不以人的主觀意志為轉移。堅持按品牌規律做事，就是企業經營大品牌的最佳捷徑。堅持按品牌規律做事，企業才會找到投入最少、見效最快的品牌發展模式。

第二個常犯的錯誤是不能堅定地按照正確的路線走下去。一個企業的領導者最應該具備的特質是在爭議中堅定前行。在西遊記中，唐僧的西天取經之路離不開孫悟空、豬八戒和沙僧等徒弟的支持，但是，徒弟們尤其是豬八戒總會製造各式各樣的爭議。一個企業領導者必須有唐僧的氣魄和堅持，既然認定了西天取經這條路，就堅持、不動搖地走下去。在經營品牌

的這個過程中，不同部門、不同層級的人都有自己的立場和認知局限性，這種局限性本身就會讓他們與企業領導者的決斷有所不同，況且任何道路本身既有利又有弊，這些都會導致在堅定的道路上出現些許的雜音，甚至是激烈的爭論和不理解。所以，在選擇了經營品牌的正確道路後，企業的領導者能否力排眾議、凝聚共識、在爭議中堅定前行，這展現了一個領導者的擔當和格局。按品牌規律做事，並堅定不移、不動搖地按照選定的品牌路線去落實，企業才會到達自己夢想的終點，不停轉彎只會讓你在原地踏步！

第三個常犯的錯誤是缺乏系統的品牌自上而下設計。很多企業家經營品牌很失望，為什麼？應該是自己覺得投入了不少資源，卻沒有得到自己想要的結果。如果來看一下這個企業所做的品牌行銷活動，好像沒有問題，都中規中矩。可為什麼中規中矩的行銷活動卻沒有得到想要的結果呢？這很可能是品牌自上而下設計出了問題。如果沒有自上而下設計，我們在第三章說過：對的事情（開車、喝酒）加在一起未必會有對的結果（酒駕）。一個企業裡，如果沒有品牌自上而下設計、系統的規劃，企業所做的所有活動效果輕則相互抵消、內耗，重則還不如什麼都不做！

那麼，如何避免以上這三個錯誤呢？堅持按 7Q 品牌規律做事，學好、用好 7Q 品牌規律，既是把品牌做大、做強、做久的捷徑，也是企業高效分配和投放企業資源必須依據的原則。

追求完美是不對的

稀缺，是這個世界最大的常態。

我們面對的問題、需要解決的問題總是很多，而資源總是稀缺，資金總是不足，時間總是有限。

所以，管理企業、經營品牌應當擯棄貪大求全、過度苛求完美的思想，而應善於抓住品牌的主要矛盾，集中優勢資源於最具生產力的環節，尋求關鍵問題的解決和關鍵環節的突破。

7Q 品牌行銷系統本質上就是幫助企業不斷集中優勢資源於最具生產力的環節，將品牌做大做強。

電子書購買

顧客只關心這七個問題！行銷必備的 7Q 品牌策略：資源、創意、執行力！從品牌創立到精準銷售，請用顧客的角度來思考 / 劉進著 . -- 第一版 . -- 臺北市：崧燁文化事業有限公司 , 2021.07
　　面；　公分
POD 版
ISBN 978-986-516-694-6(平裝)
1. 品牌 2. 行銷策略
　496.14　　110008628

顧客只關心這七個問題！行銷必備的 7Q 品牌策略：資源、創意、執行力！從品牌創立到精準銷售，請用顧客的角度來思考

臉書

作　　　者：劉進
編　　　輯：柯馨婷
發 行 人：黃振庭
出 版 者：崧燁文化事業有限公司
發 行 者：崧燁文化事業有限公司
E-mail：sonbookservice@gmail.com
粉 絲 頁：https://www.facebook.com/sonbookss/
網　　　址：https://sonbook.net/
地　　　址：台北市中正區重慶南路一段六十一號八樓 815 室
Rm. 815, 8F., No.61, Sec. 1, Chongqing S. Rd., Zhongzheng Dist., Taipei City 100, Taiwan (R.O.C)
電　　　話：(02)2370-3310　　　　傳　　真：(02) 2388-1990
印　　　刷：京峯彩色印刷有限公司（京峰數位）

定　　　價：330 元
發行日期：2021 年 07 月第一版
◎本書以 POD 印製